チャレンジ！
プチコン4
SMILE BASIC®

Nintendo Switch で学ぶ！

PROGRAMMING
LESSONS

プログラミング

WITH THE NINTENDO SWITCH

ワーク

監修・株式会社スマイルブーム ── くもん出版

PROGRAMMING
LESSONS

はじめに

　みなさん、ゲームは好きですか？「毎日ゲームで遊ぶ」という人はたくさんいても、ゲームがどうやって作られているかを知っている人は、それほど多くないかもしれませんね。

　わたしたちが日々楽しんでいるゲームは、すべてコンピュータで作られたプログラムによって動いており、プログラムを作ることを「プログラミング」といいます。

　プログラミングの知識は、今後ますます高度化していく情報化社会を生きるすべての人にとって、欠かせないものとなりつつあります。2020 年度に小学校でのプログラミング教育が必修化され、2025 年度からは大学入試共通テストの科目にも、プログラミングの問題を含む「情報Ⅰ」が新設されることになりました。プログラミングを学ぶことは、みなさんの将来の可能性を広げることにもつながるのです。

　この本を手に取ってくれたみなさんの「ゲームが好き」という気持ちは、プログラミングを学ぶ上で、大きな原動力となるはずです。

キャラクターを自分の思い通りに動かせたときのよろこびや、自分のアイデアを形にできたときの高揚感が、「もっと知りたい」「やってみたい」という気持ちにつながることでしょう。

　本書では、Nintendo Switch とゲームソフト「プチコン4 Smile BASIC」を使用して、かんたんなタイピングゲームから本格的なパズルゲームまで、さまざまな種類・難易度のゲーム作りを体験することができます。本書であつかうゲームは、「プチコン」シリーズの開発者であり、一流のゲームクリエイターである株式会社スマイルブームのみなさんが、本書のために用意したオリジナル作品です。完成させたゲームは、Nintendo Switch で遊ぶことができるだけでなく、自分でアレンジを加えて楽しむこともできます。

　ぜひ本書を通じて、自ら学び、考え、アイデアを形にするプログラミングの楽しさを、思いきり味わってください。

編集部

CHARACTER

この本に登場するキャラクター

いっしょに
楽しく学ぼう！

セル

ゲームが趣味の小学6年生。
特にRPGが大好きで、たく
さんの人が遊んでくれるゲー
ムを作るのが夢。

プログラミングは
おまかせあれ！

ピクス

高精度のAIが搭載された解
説ロボット。どこからともな
く現れて、子どもたちにプロ
グラミングを教えてくれる。

HOW TO USE

この本の使い方

1 セルとピクスの会話を読みながら、プログラムの流れや手順を確認しよう

3 見本を見ながら、プログラムを入力しよう

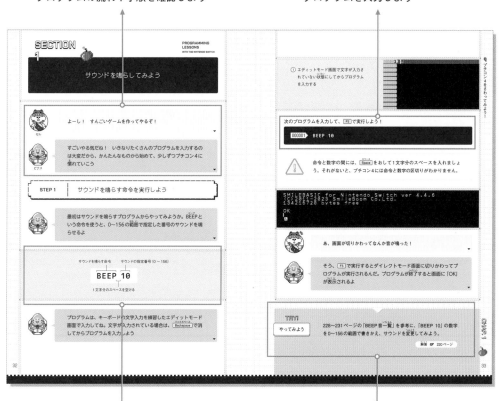

2 プログラムの文法や仕組みなどを図で確認しよう

4 お題をもとに、作ったプログラムを修正したり、自分で考えたプログラムを入力したりしてみよう

章の最後で「応用問題」にチャレンジして、それまで学んだことを確認しよう！　巻末の「命令一覧」「BEEP 音一覧」「スプライト画像一覧」も参考にしながら取り組んでね

本書に掲載されている情報は、2023 年 11 月現在のものです。ソフトのバージョンアップなどにより、本書の掲載情報と実際の表示・操作方法が異なることがあります。Nintendo Switch およびプチコン4 SmileBASIC の最新情報は、各社 HP をご確認ください。

CONTENTS

もくじ

CONTENTS

プログラミングってどんなもの？

セル

今度学校でプログラミングの授業(じゅぎょう)があるんだけど、プログラミングってそもそもなに？

ピクス

プログラミングは、かんたんにいうと「コンピュータへの命令であるプログラムを作ること」だよ

作る

プログラム

絵を表示(ひょうじ)する命令
文字を表示する命令
サウンドを鳴らす命令

プログラミング

セルはパソコンやスマートフォンで動画を見たり、Nintendo Switch(スイッチ)のゲームで遊んだりしたことはある？

もちろん！　毎日YouTube(ユーチューブ)で動画を見てるし、学校の友達とゲームで遊んでるよ

動画を見たり、ゲームで遊んだりできるのは、すべてプログラムでコンピュータに命令しているからなんだ

テレビやゲーム機はボタンをおせば動くけど、それは命令とはちがうの？　っていうか、ゲーム機もコンピュータなの？

ボタン操作（そうさ）は、あくまで命令を実行するための引き金だよ。ボタンをおすと、ゲームの中でボタンに対応（たいおう）したプログラムが実行されるんだ

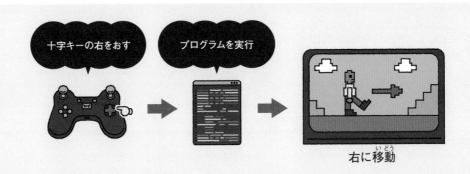

右に移動（いどう）

コンピュータは、計算やデータ処理（しょり）を行うための装置（そうち）のこと。パソコンやスマートフォンはもちろん、Nintendo Switchのようなゲーム機器、冷蔵庫（れいぞうこ）やエアコンといった家電製品（せいひん）にもコンピュータが入っているんだ

へー！　いろんなものがコンピュータで動いてるんだ

これからも、コンピュータを使った新しいモノやサービスがどんどん生まれるよ。だからコンピュータを動かすプログラミングの仕組みや考え方を知っておくことは、だれにとっても大切なことなんだ

ちょっとプログラミングに興味（きょうみ）が出てきたかも！

テキストプログラミングってどんなもの？

ピクス

コンピュータは人間の言葉を理解できないんだ

セル

え！　じゃあ、どうやって命令しているの？

プログラムは、コンピュータとやりとりするための言葉である「プログラミング言語」で作るよ。プログラミング言語にはいくつか種類があって、決められたルールにしたがって入力すると、コンピュータに命令が伝わるんだ

プログラミング言語を使って命令を入力

「こんにちは」と表示して　➡　PRINT "こんにちは"

1番のサウンドを鳴らして　➡　BEEP　1

人間の言葉を、コンピュータが理解できるように翻訳したのがプログラミング言語ってことか

そうだね。プログラミングの方法には大きく分けると2種類あって、絵やブロックを組み合わせて作るビジュアルプログラミングと、決められたルールにしたがって文字を入力して作るテキストプログラミングがあるよ。それぞれで使うプログラミング言語のことを「ビジュアル型」「テキスト型」というんだ

絵やブロックなどで
プログラムを作る

ビジュアルプログラミング

文字を入力して
プログラムを作る

テキストプログラミング

テキストプログラミングより、ビジュアルプログラミングのほうがかんたんそうだから、そっちをやりたいなー

たしかにビジュアルプログラミングはかんたんだけど、複雑なプログラムを作るのには向いていないんだ。テキストプログラミングは一見むずかしそうだけど、慣れればビジュアルプログラミングよりも早くかんたんにプログラムを作ることができるよ

そういうことなら最初からテキストプログラミングを勉強したほうが役に立ちそうだね

それに身のまわりのものに入っているコンピュータのほとんどは、テキストプログラミングで作られたプログラムで動いているんだ

プチコン4ってどんなもの？

ピクス

ここからは「プチコン4」を使って、ゲームを作るプログラムを実際に作ってみよう！

セル

プチコン4ってなに？

Nintendo Switch用のゲームソフトで、テキストプログラミングで本格的なゲームを作れちゃうんだ

プログラムを入力する画面

プログラムを実行する画面

なんかすごそう！　だけど、むずかしくないのかな……

プチコン4では「SmileBASIC」という言語を使うよ。プログラミング学習用に作られたものだから、初心者にはもってこいなんだ。プチコン4で作ったゲームは、Nintendo Switchで実際に遊ぶことができるよ！

初心者向けの言語なら安心かも。自分で作ったゲームを遊べるって
いうのもいいね！

プチコン4には無料の体験版と、有料の製品版の2種類があるよ。
体験版は無料で使えるけど、有料版と比べてできることが限られる
んだ

〈体験版〉	〈製品版〉

▶ 作ったプログラムを保存できない	▶ 作ったプログラムを保存できる
▶ 作ったプログラムを公開できない	▶ 作ったプログラムを公開できる＊
▶ セーブ領域のサイズは32MB	▶ セーブ領域のサイズ制限なし
▶ プログラムのダウンロードは8時間に1回	▶ プログラムのダウンロード制限なし＊
	＊追加でサーバー利用券の購入が必要

無料で使えるなら、まずは体験版でやってみようかな

体験版と製品版は両方ダウンロードできるから、体験版を試してか
ら製品版を購入してもいいかもね。でも、プログラムを保存しなが
らじっくり作りたい人や、作ったゲームを公開したい人には製品版
（サーバー利用券1個付き）がおすすめだよ

製品版は「プチコン4 SmileBASIC」と、「プチコン4 SmileBASIC（サー
バー利用券1個付き）」の2種類が販売されています。ゲームの内容は同
じなので、どちらを購入してもかまいません。サーバー利用券1個につき、
作ったプログラムを10個公開できます。また、サーバー利用券はゲーム
内で追加購入することもできます。

この本で使うもの

プチコン４はMy Nintendo Storeかニンテンドーeショップでダウンロード購入できるよ。ダウンロードするにはインターネット接続とニンテンドーアカウントが必要だから、アカウントを持っていない場合は、おうちの人に確認してね

ピクス

わかった！ ほかに必要なものってある？

セル

たくさん文字を入力するから、USBキーボードと、大きな画面を見ながらできるように、テレビを準備しよう

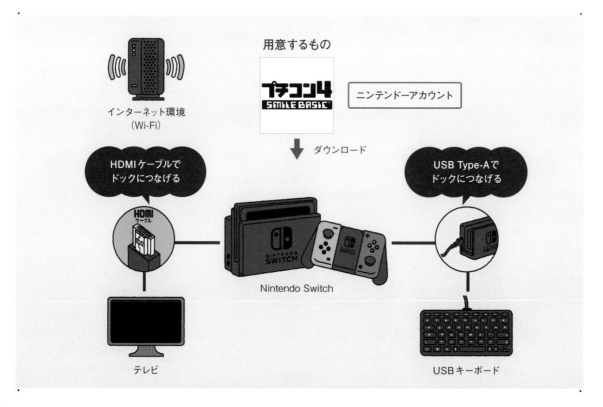

用意するもの

インターネット環境
（Wi-Fi）

ニンテンドーアカウント

ダウンロード

HDMIケーブルで
ドックにつなげる

USB Type-Aで
ドックにつなげる

Nintendo Switch

テレビ

USBキーボード

USBキーボードを使うには、Nintendo Switch本体をドックにさして、テレビモードにする必要があるんだ。ドックとテレビをHDMIケーブルでつなげて、ゲーム画面をテレビに映そう

USBキーボードがないとできないの？

プチコン4には「ソフトウェアキーボード」という機能があるから、USBキーボードがなくてもプログラミングはできるけど、長いプログラムを書くには向いていないんだ

ソフトウェアキーボードはNintendo Switchの「－」ボタンで表示できる

タイピングの練習にもなるから、プログラミングはキーボードを使ってするのがおすすめだよ。ここからは、USBキーボードを使ってプログラムを入力したり、実行したりする方法を説明していくね

Nintendo Switch Lite では、TV モードはご利用になれません。また、Nintendo Switch Lite は USB Type-C のみ接続できます。USB Type-A の外付キーボードをご使用になる場合は、別売の変換アダプタをご使用ください。

**PROGRAMMING
LESSONS**
WITH THE NINTENDO SWITCH

プチコン4をインストールしよう

ピクス

ここでは My Nintendo Store でプチコン4を購入する方法を説明するよ。購入にはお金が必要だから、おうちの人に確認してから購入してね。購入するときは前もって、ダウンロードしたい Nintendo Switch をニンテンドーアカウントに連携して、ニンテンドーeショップに接続しておこう

---

① My Nitendo Store を Web ブラウザ
で表示する

My Nitendo Store

https://store-jp.nintendo.com/

② 「商品をさがす」検索窓に「プチコン4」と入力し、 Enter をおす

---

③ 検索結果が表示される。ここでは[プチコン4 SmileBASIC]を選ぶ

④ ［カートに入れる］をクリックする。
　 以降は表示される手順にしたがっ
　 て、購入手続きを行う

体験版のみをダウンロードしたい
場合は、［体験版ダウンロード］を
クリックしよう

⑤ 購入手続きが完了すると、Nintendo
　 Switch にプチコン 4 がダウンロー
　 ドされる

 ニンテンドーアカウントの連携方法やソフトの購入方法の詳細は、
Nintendo の公式ページをご確認ください。

【Nintendo】ソフトをダウンロード購入する

https://www.nintendo.co.jp/software/howtodl/

プチコン４の画面と基本操作

セル

プチコン４をインストールしたよ！

ピクス

さっそく始めよう！　初めてソフトを起動するとチュートリアルが
始まるけど、あとからも確認できるからスキップしてもOKだよ。
まずはトップメニュー画面から確認していこう

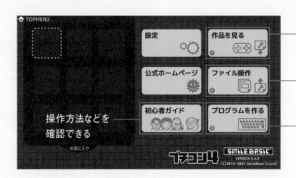

公開されているプログラムを見たり、
自分のプログラムを公開したりできる

保存してあるプログラムの
ファイルを操作できる

プログラムを作ったり、
実行したりできる

操作方法などを
確認できる

操作手順は、このあと順番に説明していくよ。最初に出てきた
チュートリアルは「初心者ガイド」でいつでも確認できるから、操
作に迷ったときは確認してね

この［プログラムを作る］から始めればいいのかな？

そうだね。［プログラムを作る］を選択すると、ダイレクトモード
画面が表示されるよ。ダイレクトモード画面は、１行ずつプログラ
ムを入力して実行するための画面なんだ

この本ではプログラムを複数行入力するから、キーボードの F4 を
おしてエディットモード画面を表示しよう

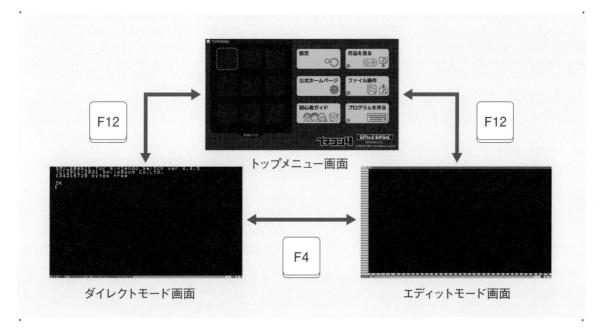

トップメニュー画面

F12

F12

ダイレクトモード画面

F4

エディットモード画面

エディットモード画面で入力したプログラムの実行結果が、ダイレ
クトモード画面に表示されるよ。トップメニュー画面、ダイレクト
モード画面、エディットモード画面はキーボードの F12 と F4 で
切りかえられるから覚えておいてね

F4 と F12 は、キーボードの一番上の列にあるキーだね

プログラムの入力や実行、ファイルの保存方法など、基本的な操作方法
は本書内で解説していますが、よりくわしい説明を確認したい場合は、
下記URLから電子取扱説明書をご確認ください。

【プチコン4】電子取扱説明書

https://www.petc4.smilebasic.com/manual

タイピングの練習をしよう

ピクス

プログラミングを始める前に、キーボードで文字を入力する練習をしておこうか。まずはエディットモード画面を表示しよう ▼

① トップメニュー画面で F12 をおしてダイレクトモード画面を表示する

② F4 をおしてエディットモード画面を表示する

セル

1行目で線が点滅してるね ▼

ピクス

点滅しているのは「カーソル」と呼ばれるものだよ。カーソルがあるところに、キーボードで入力した文字が表示されるんだ。キーボードから A を探しておしてみよう ▼

入力しよう

A

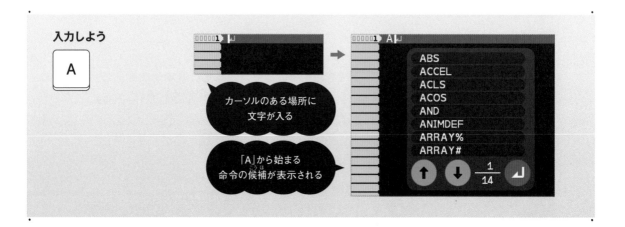

カーソルのある場所に文字が入る

「A」から始まる命令の候補が表示される

なんか表みたいなのが表示されたね

 アルファベットを入力すると、その文字から始まる命令の一覧（いちらん）が表示されるんだ。 ↑ ↓ で選んで Enter（エンター） をおすと自動で命令が入力できるんだけど、タイピングに慣（な）れるためにも、初めのうちはなるべく自分で入力しよう。続けて、 B C D E Enter をおしてみて

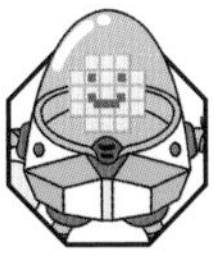

入力しよう

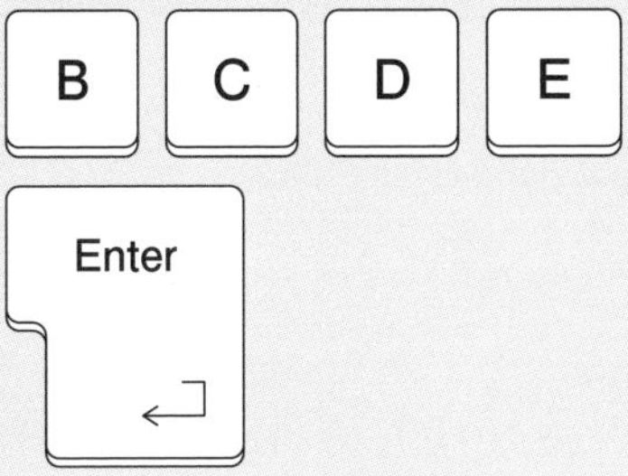

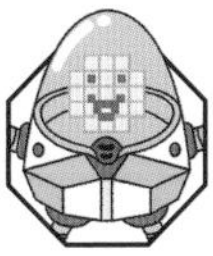

B   C   D   E

Enter

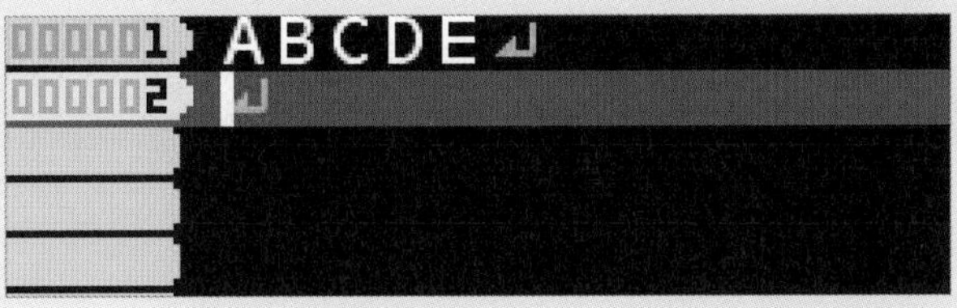

```
000001 ABCDE↵
000002 ↵
```

 Enter をおすと改行されて、カーソルが次の行に移動（いどう）するよ。今度は数字を入力してみよう

入力しよう

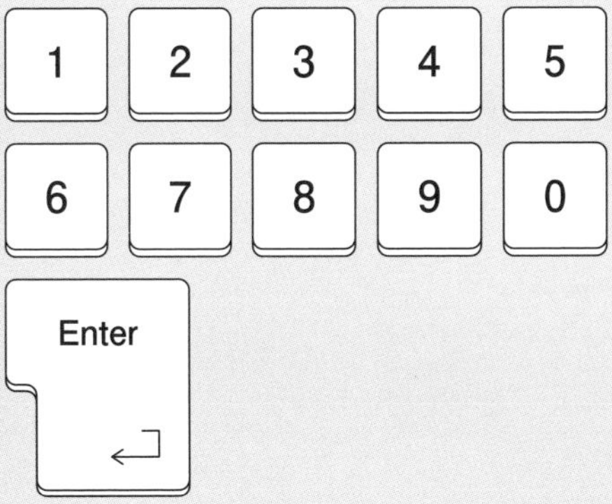

1   2   3   4   5

6   7   8   9   0

Enter

```
000001 ABCDE↵
000002 1234567890↵
000003 ↵
```

ピクス

プログラミングでは、アルファベットや数字以外に記号も使うよ。キーの上側に表示されている記号は、[Shift]と同時におすと入力できるよ

入力しよう

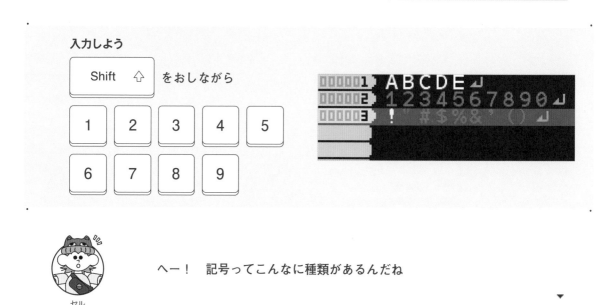

Shift ⇧ をおしながら

1　2　3　4　5

6　7　8　9

セル

へー！　記号ってこんなに種類があるんだね

記号はまだまだあるよ。プログラムでよく使うものをもう少し入力してみようか。[Backspace]をおすと入力した文字を消せるから、消して1行目からもう一度入力してみて

入力しよう

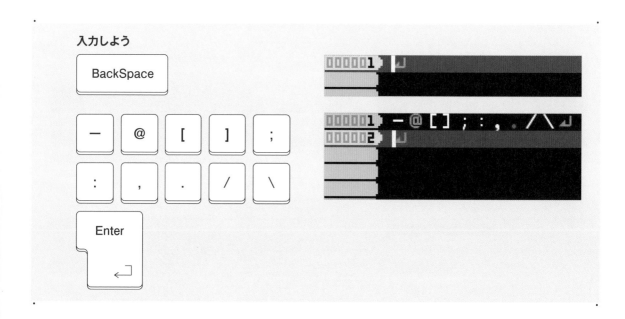

BackSpace

−　@　[　]　;

:　,　.　/　\

Enter

入力しよう

Shift ⇧ をおしながら

=	+	*

<	>	?	_

って、記号の種類多すぎない！？　名前がわからないものも多い
し、覚えられないよ〜

これまでに入力した記号の名前をまとめておくね。迷ったらこのリ
ストをふり返ろう！

よく使う記号の一覧

記号	名前	記号	名前
！	エクスクラメーション	:	コロン
"	ダブルクォーテーション	,	カンマ
#	シャープ	.	ドット
$	ドル	/	スラッシュ
%	パーセント	\	バックスラッシュ
&	アンド	=	イコール
'	シングルクォーテーション	+	プラス
( )	かっこ	*	アスタリスク
─	マイナス	>	大なり
@	アット	<	小なり
[ ]	角かっこ	?	クエスチョン
;	セミコロン	_	アンダースコア

セル

「;」と「:」とか、似てる記号がいくつかあるね。まちがえちゃいそうだなー

ピクス

少し見分けにくい記号もあるから、入力するときは気をつけよう。もしまちがえても、Backspace で消して、入力しなおせばOKだよ

リョーカイ！

次は Space を使って、1行の中に続けて英単語を入力してみよう。Spaceは「空間」という意味で、Space をおすと1文字分の空間を作れるんだ

```
000001 APPLE BANANA ORANGE⏎
000002 ⏎
```

入力しよう

A	P	P	L	E	Space
B	A	N	A	N	A	Space
O	R	A	N	G	E	Enter

Shift をおしながら入力すると、アルファベットを小文字にできるよ。プチコン4でプログラミングするときは、アルファベットは大文字で入力するのが基本だけど、小文字の入力方法も覚えておこう

入力しよう　Shift ⇧ をおしながら　A P P L E

アルファベットや数字、記号の入力方法はわかったけど、ひらがな
はどうやって入力するの？

ひらがなを入力するときは、[半角/全角]をおして「ローマ字入力モード」
に切りかえよう。ひらがなとカタカナは、ローマ字で入力するよ

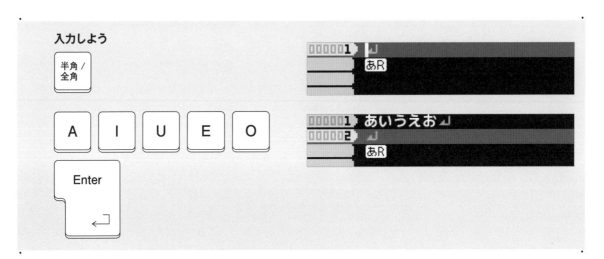

入力しよう

半角 /
全角

A I U E O

Enter

今度はカタカナを入力しよう。[カタカナ ひらがな]と[Shift]を同時におすと、カ
タカナが入力できるようになるよ。カタカナからひらがなにもどし
たいときは、もう一度[カタカナ ひらがな]をおそう

入力しよう

ピクス
ローマ字入力から英数字入力にもどしたいときは、もう一度 [半角/全角] をおせば英数字入力に切りかわるよ

セル
そういえば、漢字は入力できないの？

USBキーボードで入力できる文字は、数字、アルファベット、ひらがな、カタカナ、「＋」や「−」など一部の記号だけなんだ。日本語を入力するときは、漢字の代わりにひらがなを使ってね

TRY!

やってみよう

①ローマ字入力モードで、自分の名前をひらがなで入力してみよう。

②ローマ字入力モードで、自分の名前をカタカナで入力してみよう。

③ローマ字入力モードで、次の文字を入力してみよう。

(1) いぬもあるけばぼうにあたる
(2) とらぬたぬきのかわざんよう
(3) きつねにつままれる

解答 ☞ 220ページ

最後に「コピー」と「ペースト」という機能を使ってみよう。同じプログラムを何回も入力するときに使うと便利だよ

① コピーしたい行にカーソルを移動させ、Ctrl と C を同時におす

② ペースト（はりつけ）したい行にカーソルを移動させ、Ctrl と V を同時におす

③ コピーした行がはりつけられる

たしかに楽ちんだ！

複数行をまとめて「コピー」＆「ペースト」したいときは、Shift をおしながら ↑ ↓ → ← をおして、コピーする範囲を指定しよう

① [Shift] をおしながら [↑] [↓] [→] [←] をおしてコピーする範囲を指定する

② [Ctrl] と [C] を同時におす

③ ペースト（はりつけ）したい行にカーソルを移動させ、[Ctrl] と [V] を同時におす

④ コピーした行がはりつけられる

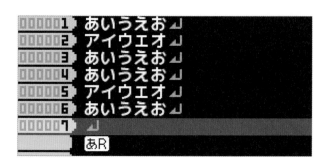

入力の練習はここまで！ 次の章からは、実際にプログラムを入力していくよ

PROGRAMMING
LESSONS
WITH THE NINTENDO SWITCH

CHAPTER

1

LEVEL
☆ ☆ ☆ ☆ ☆

プチコン4を
さわってみよう！

サウンドを鳴らしてみよう

セル

よーし！　すんごいゲームを作ってやるぞ！

ピクス

すごいやる気だね！　いきなりたくさんのプログラムを入力するの
は大変だから、かんたんなものから始めて、少しずつプチコン4に
慣れていこう

| STEP 1 | サウンドを鳴らす命令を実行しよう |

最初はサウンドを鳴らすプログラムからやってみようか。BEEPと
いう命令を使うと、0〜156の範囲で指定した番号のサウンドを鳴
らせるよ

サウンドを鳴らす命令　　サウンドの指定番号（0 〜 156）

BEEP 10

1文字分のスペースを空ける

プログラムは、キーボードの文字入力を練習したエディットモード
画面で入力してね。文字が入力されている場合は、 Backspace で消
してからプログラムを入力しよう

① エディットモード画面で文字が入力されていない状態にしてからプログラムを入力する

次のプログラムを入力して、[F5]で実行しよう！

```
000001  BEEP 10
```

 命令と数字の間には、[Space]をおして1文字分のスペースを入れましょう。それがないと、プチコン4には命令と数字の区切りがわかりません。

```
SMILEBASIC for Nintendo Switch ver 4.4.6
(C)2011-2023 SmileBoom Co.Ltd.
134216720 bytes free

OK
A
```

 あ、画面が切りかわってなんか音が鳴った！

 そう、[F5]で実行するとダイレクトモード画面に切りかわってプログラムが実行されるんだ。プログラムが終了すると画面に「OK」が表示されるよ

TRY!

やってみよう

228〜231ページの「BEEP音一覧」を参考に、「BEEP 10」の数字を0〜156の範囲で書きかえ、サウンドを変更してみよう。

解答 ☞ 220ページ

CHAP.1

SECTION 2

画面に文字を表示しよう

ピクス

今度は画面に文字を表示してみよう。ゲームでも「敵があらわれた！」とか表示されるよね

セル

たしかに！　画面に文字を出せればゲーム作りに役立ちそう

STEP 1 | PRINT で画面に文字を表示しよう

画面に文字を表示する命令はPRINTというよ。表示したい文字は、PRINT のあとに「"」（ダブルクォーテーション）で囲んで入力しよう

文字を画面に表示する命令　　　画面に表示したい文字

PRINT "HELLO WORLD"

ダブルクォーテーションで囲む

プリント？　先生が配るお知らせの紙もプリントっていうよね？

プリントには「印刷する」って意味があって、紙に文字を印刷するように、ダイレクトモード画面に文字を表示するという意味になるよ

「HELLO WORLD」は「こんにちは　世界」という意味だよ。プログラムで文字を表示するときによく使われる言葉なんだ。前に書いたプログラムを消して、次のプログラムを入力してみよう

次のプログラムを入力して、F5 で実行しよう！

```
000001  ACLS
000002  PRINT "HELLO WORLD"
```

PRINTで画面に表示する文字を「"」で囲むことで、命令と画面に表示する文字を区別しています。「"」で囲まないとエラーになるので、囲み忘れに気をつけましょう。

```
HELLO WORLD
OK
```

1行目の「ACLS」はなんの命令？

ACLSは「All Clear Screen」の略で、画面の表示を全部消す命令。前に実行したプログラムで表示されたものが画面に残ったままだと見にくいから、最初にACLSできれいにするんだ

TRY!

やってみよう

PRINTを使って、ダイレクトモード画面に次の文字を表示しよう。
① GOOD
② THANK YOU
③ HOW ARE YOU?

解答 ☞ 220ページ

LESSONS
WITH THE NINTENDO SWITCH

計算をしてみよう

ピクス

今度は足し算などの計算をするプログラムを作っていこう。計算には演算子（えんざんし）っていうものを使うよ

セル

えんざんし？　聞いたことないけど……

演算子も命令の1つで、「計算しろ」という意味の記号だよ。1つずつ見ていこう

STEP 1　｜　足し算と引き算をしてみよう

足し算と引き算では、算数の計算と同じ「＋」と「−」の記号を使うよ

「＋」と「−」ならいつも使ってる記号だからわかるぞ！

足し算をする演算子

`PRINT 10+2` ➡ **12**

引き算をする演算子

`PRINT 10-2` ➡ **8**

PRINT命令で数字だけ表示する場合と、計算結果を表示する場合は、「"」(ダブルクォーテーション) はつけずに入力するよ

次のプログラムを入力して、F5 で実行しよう！

```
000001  ACLS
000002  PRINT 10+2
000003  PRINT 10-2
```

```
12
8
OK
```

ちゃんと 10+2、10-2の答えが表示されてるね

TRY!

やってみよう

PRINTと演算子を使って、ダイレクトモード画面に次の式の答えを出し、（ ）に出てきた答えを書こう。

① 754+898 　　　　　　　　　（　　　　　　　）

② 5868+3697 　　　　　　　　（　　　　　　　）

③ 67-497 　　　　　　　　　　（　　　　　　　）

④ 2987-1468 　　　　　　　　（　　　　　　　）

解答 ☞ 220ページ

STEP 2	かけ算とわり算をしてみよう

ピクス

算数のかけ算とわり算では「×」と「÷」を使うけど、プログラミングではちがう記号を使うから気をつけよう。かけ算は「＊」（アスタリスク）、わり算は「／」（スラッシュ）を使うよ

かけ算をする演算子
↓
PRINT 10*2 ➡ 10×2 ➡ 20

わり算をする演算子
↓
PRINT 10/2 ➡ 10÷2 ➡ 5

セル

使ったことない記号だけど、「×」と「÷」から置きかえればいいだけだね

次のプログラムを入力して、F5 で実行しよう！

```
000001  ACLS
000002  PRINT 10*2
000003  PRINT 10/2
```

```
20
5
OK
```

TRY!

やってみよう

PRINTと演算子を使って、ダイレクトモード画面に次の式の答え
を出し、（　）に出てきた答えを書こう。

① 478 × 567　　　　　　　　　　　　　　（　　　　　）

② 5868 × 3697　　　　　　　　　　　　　（　　　　　）

③ 3983 ÷ 569　　　　　　　　　　　　　（　　　　　）

④ 70731 ÷ 7859　　　　　　　　　　　　（　　　　　）

解答 ☞ 220ページ

| STEP 3 | MODとDIVの使い方を学ぼう |

 最後にプログラミングならではの演算子を2つ使ってみよう。1つ
目のMODは、わり算のあまりを求める演算子だよ

わり算のあまりを求める演算子

PRINT 10 MOD 3 ➡ 10÷3 ➡ 3 あまり 1 ➡ 1

 使い道が思いうかばないけど、どんなときに使うのかな？

 そうだなぁ、たとえば3人で10個のりんごを分けるとき、何個あ
まるかを知りたいときとかかな

SECTION 3

なるほどね〜、もう1つの演算子は？

もう1つのDIVは、わり算の答えから小数点以下を切りすてる演算子だよ

ピクス

わり算の答えから小数点以下を切りすてる演算子

小数点以下を切りすてる

PRINT 10 DIV 3 ➡ **10÷3** ➡ **3.333333…** ➡ **3**

DIVを使えば、たとえば3人で10個のりんごを分けるとき、1人あたり何個りんごをもらえるかを求められるよ

次のプログラムを入力して、F5 で実行しよう！

```
000001  ACLS
000002  PRINT 10 MOD 3
000003  PRINT 10 DIV 3
```

```
1
3
OK
```

なんか演算子がごっちゃになってきた

セル

ここまで使った演算子を表にまとめておくね

計算に使う演算子の一覧

演算子	働き	例	答え
+	足し算	10+2	12
−	引き算	10-2	8
＊	かけ算	10＊2	20
/	わり算	10/2	5
MOD	わり算のあまりを求める	10 MOD 3	1
DIV	わり算の答えから小数点以下を切りすてる	10 DIV 3	3

それぞれの演算子の働きや使い方がわかったかな？　MODやDIV の「プログラミングならではの使い方」は、2章で解説するからお 楽しみにね

▼

TRY!

やってみよう

PRINTと演算子を使って、ダイレクトモード画面に次の答えを出 し、（　）に出てきた答えを書こう。

① 8698÷569のあまり

（　　　　　　　　　）

② 23984÷972のあまり

（　　　　　　　　　）

③ 8698÷569の答えから小数点以下を切りすてた数

（　　　　　　　　　）

④ 23984÷972の答えから小数点以下を切りすてた数

（　　　　　　　　　）

解答 ☞ 220ページ

PROGRAMMING
LESSONS
WITH THE NINTENDO SWITCH

変数を使ってみよう

ピクス

ゲームでは、キャラクターの体力や、たおした敵の数の表示がプレイ結果によって自動で変わるよね

セル

そういえば……どうやって数字を変えてるんだろう？

このとき使われているのが「変数」というものなんだ

STEP 1　変数を使って計算をしてみよう

変数は箱みたいなもので、プログラムの中で使う数字や文字などのデータを入れて、名前をつけて保存しておくことができるんだ。変数はVARという命令で作り、「=」（イコール）で中にデータを入れることができるよ

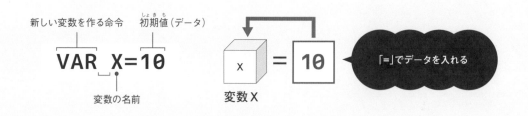

新しい変数を作る命令　初期値（データ）

VAR X=10

変数の名前

変数X

「=」でデータを入れる

初期値は変数に最初に入れるデータのこと。データを入れた変数はほかの命令の中でそのデータとして使うことができるんだ。たとえば、変数Xに数字の10を入れたら、変数Xを10として計算に使うことができるよ

10が入っている

PRINT X+5 ➡ 10+5 ➡ 15

次のプログラムを入力して、F5で実行しよう！

```
000001 ▶ ACLS
000002 ▶ VAR X=10
000003 ▶ PRINT X+5
```

```
15
OK
```

ほんとだ！ 変数Xに入っている数字で計算されるんだね

変数にはA～Zのアルファベット、0～9の数字、「＿」（アンダース
コア）を組み合わせた名前をつけられるよ。ひらがな、カタカナ、
そのほかの記号は変数名には使えないから注意しよう。数字だけの
名前や、数字が先頭にある名前もつけられないよ

⭕ 変数につけられる名前

X   Y1   Z_2   PLAYER

❌ 変数につけられない名前

1   3X

SECTION 4

STEP 2 | 変数のデータを更新しよう

ピクス

一度作った変数は何回でも使えるし、変数に入れたデータをあとから更新することもできるよ

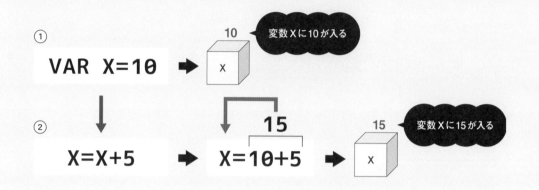

① VAR X=10 ➡ X | 変数Xに10が入る

② X=X+5 ➡ X=10+5 ➡ X | 変数Xに15が入る

セル

あれ？ 算数だと「=」は「等しい」という意味だよね。XとX+5が等しいって、おかしくない？

算数とプログラミングでは「=」の意味がちがうんだ。「X=X+5」の「=」は「等しい」ではなく、「『=』の左にある変数に、右のデータや計算の結果を入れる」という意味になるよ

次のプログラムを入力して、F5 で実行しよう！

```
000001  ACLS
000002  VAR X=10
000003  PRINT X
000004  X=X+5
000005  PRINT X
```

```
10
15
OK
```

これで変数の使い方もわかったぞ

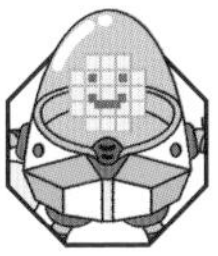

変数のデータ更新は、ゲームのいろんなところで使われているよ。たとえば、たおした敵の数を入れる変数を作っておいて、1体たおすごとに変数のデータを更新するプログラムを作っておけば、プレイ結果に合わせて自動でたおした敵の表示を変えることができるよね

そっか！　ほかにもキャラクターのレベルや、攻撃力のデータなんかも変数に入れておくと便利そうだね

TRY!

やってみよう

プログラム2行目の「VAR X=10」の数字を好きなものに変更して、PRINTで表示される数字が変わることを確認しよう。

解答 ☞ 221ページ

STEP 3 | プログラムを保存してみよう

ピクス
ここまで作ったプログラムに名前をつけて保存しておこう。プチコン4を終了したあともプログラムを残しておけるよ

① Ctrl と S を同時におして、保存するプログラムの名前入力画面を表示する

② プログラムにつける名前を入力する（ここでは「SAMPLE_CHAP1」と入力）

③ Enter をおすと、保存の確認画面が表示される

④ → で［はい］を選び、Enter をおして保存する

すでに同じ名前をつけたプログラムがある場合、上書きされてしまうから注意しよう

セル
保存しておけば、中断したくなったときも安心だね

STEP 4 ｜ 保存したプログラムを開こう

保存したプログラムは、どうやって開けばいいの？

保存したプログラムの一覧を表示して、開きたいプログラムを選ぼう

① エディットモード画面で Ctrl と L を同時におして、保存したプログラムの一覧を表示する

② 実行したいプログラムを ↑ ↓ で選んで、F5 をおす

③ 読みこんだプログラムが表示され、画面の左下にはファイル名が表示される

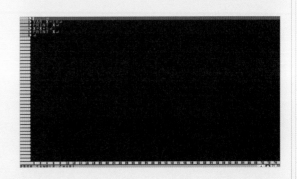

保存する前のプログラムがある状態で別のプログラムを開くと、保存していないプログラムは消えてしまうから気をつけてね！

STEP 5 | 新しいファイルを作ろう

ピクス

新しいファイルを作りたいときは、ダイレクトモード画面でNEW^{ニュー}
命令を実行しよう ▼

① ダイレクトモード画面を表示^{ひょうじ}する

② 「NEW」と入力して、[Enter]^{エンター}をおす

③ エディットモード画面を表示すると、新し
いファイルが作成されている。新しいファ
イルにはまだファイル名がついていない
ので、画面左下にファイル名が表示され
ない

作りかけのプログラムを保存^{ほぞん}せずにNEW命令を実行すると、作っ
たプログラムが消えてしまうから気をつけてね ▼

セル

はーい ▼

CHALLENGE!

応用問題

これで基本の使い方はばっちりだ！

いいね！　最後に、この章で学んだことをおさらいしておこう

---

1 次の問題に答えましょう。

① 次の説明にあてはまる命令や記号を、（　　）の中に書きましょう。

(1) サウンドを鳴らす命令　　　　　　　　　（　　　　　　　）
(2) 変数を作る命令　　　　　　　　　　　　（　　　　　　　）
(3) 変数にデータを入れる記号　　　　　　　（　　　　　　　）

---

② PRINT を使って、ダイレクトモード画面に次の文字を表示しましょう。正しく表示できたら、（　）に〇をつけましょう。

(1) START　　　　　　　　　　　　　（　　　　　　　）
(2) YOU WIN!　　　　　　　　　　　（　　　　　　　）
(3) NOW LOADING　　　　　　　　　（　　　　　　　）
(4) GAME CLEAR　　　　　　　　　（　　　　　　　）

---

③ 演算子の働きと記号の組み合わせとして、正しいものを線でつなぎましょう。

かけ算をする •　　　　　　　　　　　• ー
足し算をする •　　　　　　　　　　　• ＋
わり算をする •　　　　　　　　　　　• ＊
引き算をする •　　　　　　　　　　　• ／

2 次の問題に答えましょう。

① 次の働きをする演算子を、（　　）の中に書きましょう。

(1) わり算のあまりを求める　　　　　　　　　　（　　　　　　　　　）
(2) わり算の答えから小数点以下を切りすてる　　（　　　　　　　　　）

② 次のうち、プログラムを実行したときに正しく結果が表示されるものには〇を、表示されないものには×を（　　）の中に書きましょう。

（　　　　）BEEP 25
（　　　　）BEEP "100"
（　　　　）PRINT HELLO WORLD
（　　　　）PRINT "GOOD BYE"

③ 次のうち、変数の名前として使用できるものに〇を、使用できないものには×を（　　）の中に書きましょう。

（　　　　）_USER
（　　　　）5ENEMY
（　　　　）APPLE
（　　　　）ITEM1

④ 次のプログラムを実行したとき、ダイレクトモード画面に表示される答えを（　　）の中に書きましょう。

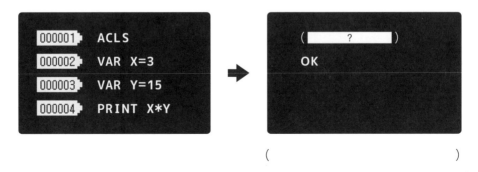

（　　　　　　　　　　　）

　　　　　　　　　　　　　　　　　　解答 ☞ 221ページ

2

LEVEL
☆ ☆ ☆ ☆ ☆

スプライトを動かしてみよう！

スプライトを出してみよう

| STEP 1 | スプライトの役割を知ろう |

グラフィックを使ったゲームを作るときに欠かせないのが、「スプライト」だよ

ピクス

スプライト？　って、なに？

セル

スプライトは英語で「妖精」のこと。ゲーム内に画像を表示する機能のことだよ。目に見えない妖精が、いろんな画像を持って画面の中を動いてくれるようなものなんだ

わたしは勇者　　わたしはがいこつ

スプライトが持っている画像

スプライト

主人公の勇者とか、敵の魔王とか、そういうキャラクターもスプライトが動かしてるってこと？

そういうこと。スプライト自体は透明（とうめい）なんだけど、さまざまな画像を持たせることで、キャラクター以外にも「お城」や「木」などの風景や、「爆発（ばくはつ）」「煙（けむり）」「宇宙船（うちゅうせん）」「弾（たま）」など、あらゆるものを表現（ひょうげん）できるんだ

へー、働きものの妖精さんなんだね

STEP 2 | スプライトを表示しよう

スプライトを出すにはSPSET（スプライトセット）という命令を使うよ。スプライトはそのままだと目に見えないので、「スプライトに持たせる画像」を番号で指定しよう

スプライトを表示する命令 ／ スプライトに持たせる画像を指定する番号 ／ スプライトの管理番号を変数に入れる

SPSET 500 OUT ID

1文字分のスペース ／ スプライト用画像が入った倉庫

500番の画像

新しいスプライト

500	501	502	503	504	505	506
510	511	512	513	514	515	516
520	521	522	523	524	525	526

ピクス

プチコン4には何千種類ものスプライト用画像が用意されているから、自分で絵を描かなくてもすぐにゲームを作れるんだ

セル

すごいね！　それだけあれば画像には困らないだろうな

この「SPSET 0 OUT ID」の「ID」も変数だから、好きな名前に変えられるよ

そうなんだ！　じゃあ「YUSHA」とかでもいい？

なんの絵を使うか決めているときは、そのほうがわかりやすいね。SPSET命令が実行されるたびにスプライトが1つできるんだけど、スプライト1つひとつには区別するための管理番号が自動でふられるんだ。その管理番号がOUTのあとの変数に入るんだよ。この変数は、あとでスプライトを動かすときに使われるよ

次のプログラムを入力して、F5 で実行しよう！

```
000001  ACLS
000002  SPSET 0 OUT ID
```

OK

あ、小さいイチゴが出てきた！

▼

そう、スプライト用画像の0番目は「イチゴ」なんだ。ちなみに1番目はミカン、2番目はサクランボだよ。いろんな番号を入れて、どんなスプライトが出てくるか試してみてね

▼

COLUMN

SPSET命令の書き方

SPSET命令には、「SPSET 500 OUT ID」のように、OUTのあとの変数にスプライトの管理番号を入れる「OUT型」のほかに、「＝」（イコール）と（ ）を使って変数に管理番号を入れる書き方もあります。命令の意味は同じなので、どちらの書き方でもかまいません。本書では、OUT型を使ってスプライトの動かし方を解説しています。

```
SPSET 500 OUT ID

ID=SPSET(500)
```

どちらも同じ意味

SECTION 2

ランダムにスプライトを出してみよう

セル

スプライトが1つだけじゃつまらないな〜。もっと派手(はで)な感じにしたい！

ピクス

それじゃ2つの命令を使って、たくさんのスプライトをランダムに出してみよう

STEP 1	スプライトを動かそう

1つ目の命令はSPOFS。スプライトを動かす命令だよ

スプライトを動かす命令　横方向の位置　縦(たて)方向の位置

SPOFS ID, 150, 100

スプライトの管理番号が入った変数

「SPOFS ID,○○,××」は、「変数IDに入っている管理番号のスプライトを(横○○,縦××)の位置に動かせ」という意味だよ

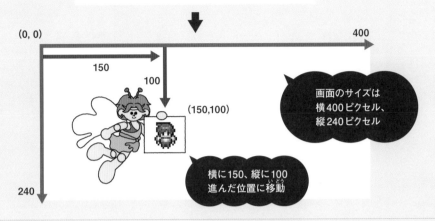

SPOFS ID,150,100

(0, 0)

150

100

(150,100)

400

240

画面のサイズは
横400ピクセル、
縦240ピクセル

横に150、縦に100
進んだ位置に移動

ふーん、「横に進む距離」と「縦に進む距離」で位置を指定するんだ

このように位置を指定する数の組のことを「座標」というよ。横150、縦100の位置なら、座標は(150,100)。スプライトの画像は小さな点が集まってできていて、この小さな点のことを「ピクセル (px)」と呼ぶよ。画面のサイズは、「横幅のpx数」×「縦幅のpx数」で表すことができるんだ。プチコン４の画面は横400px、縦240pxだから、400×240pxだね

絵を構成する
小さな点が「ピクセル」

SPSET命令で「スプライトの管理番号」については説明したよね。この番号はスプライトを移動させるときなど、操作するスプライトを指定するために使われるんだ

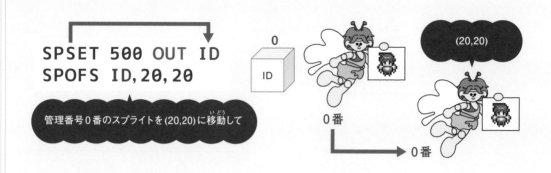

```
SPSET 500 OUT ID
SPOFS ID,20,20
```

管理番号0番のスプライトを(20,20)に移動して

セル

スプライトを動かしたいときは、管理番号が入っている変数の名前で指定すればいいのか

ピクス

そのとおり。どのスプライトがなんの役をやるかはっきり決まっている場合は、変数の名前を工夫して、わかりやすくするといいよ

TRY!

やってみよう

① 232ページ以降のスプライト画像一覧を参考に、SPSET命令で好きな画像を画面に表示してみよう。

② ①で表示したスプライトを、SPOFS命令で(200,120)の位置に移動させよう。

解答 ☞ 221ページ

STEP 2 ｜ 乱数を作ろう

ランダムにスプライトを表示するために、RND命令を使って乱数を作ろう

らんすうってなに？

乱数はランダムに選ばれる数字のことだよ。たとえばRNDのあとの ( ) に10を入れると、0～9の数字の中からどれか1つが選ばれるんだ。選ばれる範囲は、0から数えて ( ) 内の1つ前の数字までだから注意しよう

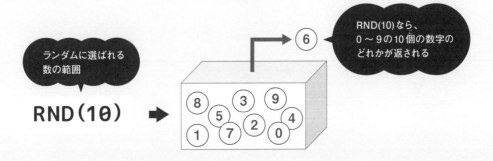

RND命令はほかの命令の中に書くことができるよ。SPOFS命令でスプライトの位置を指定するとき、座標の数字をRND命令で指定すれば、ランダムな位置にスプライトが表示されるんだ

横位置の数を0～9からランダムに指定

SPOFS ID,RND(10),100

CHAP.2

59

| STEP 3 | 同じプログラムをくり返そう |

ピクス

最後にGOTO命令とラベルでプログラムの流れを変えて、スプライトを出すプログラムがくり返されるようにしよう

セル

プログラムの流れを変える……？

プログラムは上の行から下の行へ向かって順番に命令を実行していくよね。GOTO命令は命令が実行される順番を変えるんだ。プログラムの中に「@」(アット)でラベル、つまり目印になる行を作っておけば、GOTOの行まで実行されたあと、ラベルの行にジャンプするよ。ラベルには自分がわかりやすい名前をつけよう

@で始まるラベルを作る

ラベルの行にジャンプ

GOTO命令まで来たら

```
ACLS
@LOOP
SPSET 0 OUT ID
SPOFS ID, 10, 10
GOTO @LOOP
```

ジャンプするとどうなるの？

図の例だと、@LOOPの行にジャンプしたらまた上から順に実行していくから、「@LOOP〜GOTO @LOOP」の命令がずっとくり返されることになるよ

STEP 4	画像をたくさん出してみよう

 それじゃ、2つの命令を使ったプログラムを書いてみよう ▼

次のプログラムを入力して、F5 で実行しよう！

```
000001  ACLS
000002  @LOOP
000003  SPSET 0 OUT ID
000004  SPOFS ID,RND(400),RND(240)
000005  GOTO @LOOP
```

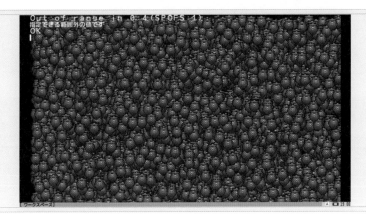

 うわっ、なにこれ！　イチゴがびっしり！ ▼

 どうしてこうなったかわかるかな？ ▼

 わからない……。なにが起きたの？ ▼

ピクス

3行目のSPSET命令でイチゴの絵を持つスプライトを作るよね。そのスプライトを4行目のSPOFS命令で動かすんだけど、その位置をRNDでランダムにしているの。だから、GOTOでプログラムがくり返されるたび、毎回ちがう位置にイチゴが置かれるんだ

セル

プログラムが何度もくり返されるから、大量のイチゴが出てくるのか……

そういうこと。実際はイチゴは1つずつ表示されていくんだけど、ものすごい速さでくり返されるので、一瞬でイチゴが画面いっぱいに表示されたように見えるんだ

ところで、OKの上になにか出てるね。「Out of range……？」

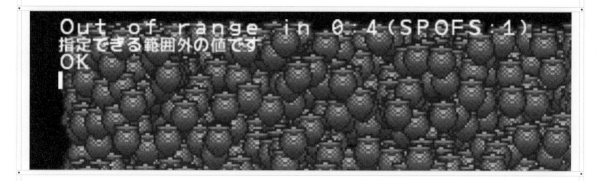

「Out of range」は「範囲外」という意味で、スプライトを作ることができる範囲をこえたから、エラーでプログラムが止まったことを表しているよ。スプライトは4096個までしか作れないんだ

そうか、SPSET命令が実行されるたびにスプライトが増えるから……

```
SPSET 0 OUT ID
```
 スプライトが1

```
SPSET 0 OUT ID
SPSET 0 OUT ID
```
 スプライトが2

```
SPSET 0 OUT ID
SPSET 0 OUT ID
  SPSET 0 OUT ID
  SPSET 0 OUT ID
```
 ……

スプライトがいっぱい

 イチゴを持った4096人の妖精さんたちが、画面いっぱいにスシづめになってるってことだね！

STEP 5	画像をランダムに出してみよう

 とにかくイチゴはもういいよ～。ほかの絵にしよう

 それじゃ、RND命令でいろんな絵を出してみようか

次のプログラムを入力して、F5 で実行しよう！

```
000001  ACLS
000002  @LOOP
000003  SPSET RND(1220) OUT ID ────→ 0をRND命令に変える
000004  SPOFS ID,RND(400),RND(240)
000005  GOTO @LOOP
```

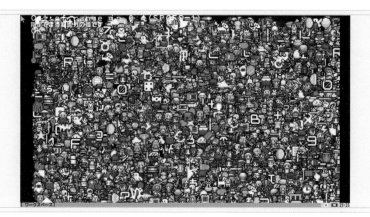

セル

SPSET命令の0をRND（1220）にしたから、スプライトの持つ絵が
0〜1219番からランダムに選ばれたんだね

ピクス

そういうこと。スプライト用の画像番号は8191まであるんだけど、
番号が大きくなるとサイズの大きい絵も混ざってくるよ。ここでは
だいたい同じ大きさの絵が並ぶように、画像番号は1220までとし
たんだ

TRY!

やってみよう

RND（1220）の数字を自由に変えて、どうなるか確認してみよう。

解答 ☞ 221ページ

PROGRAMMING LESSONS
WITH THE NINTENDO SWITCH

エラーが発生したとき①

セル

プログラムを変更して実行したらメッセージが表示されて、スプライトが1個しか表示されなくなっちゃった……。この「引数」ってなんだろう？

```
Wrong number of arguments in 0:4(SPOFS)
引数が足りないか多すぎます
OK
```

ピクス

引数は命令に渡すデータのことだよ。「Wrong number of arguments」は「引数の数がまちがっている」という意味で、命令に渡すデータの数がまちがっているから、エラーでプログラムが止まったことを表しているよ

なるほど。でも、どうすればまちがっているところがわかるの？

エラーメッセージが表示されたときは、F4 をおすとまちがっている行の先頭にカーソルが表示されるよ

① エラーが発生した状態で F4 をおすと、まちがっている行の先頭にカーソルが移動する

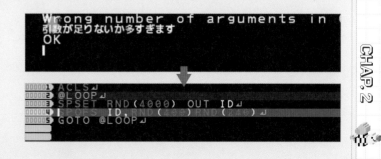

CHAP.2

65

セル

おぉ～便利！

ピクス

カーソルがある行をよく見てみると、RND(400)とRND(200)の間に入れていた「,」(カンマ) が消えちゃっているね。「,」がないから、SPOFS命令に正しくデータを渡せなかったんだ

```
000001 ) ACLS ↵
000002 ) @LOOP ↵
000003 ) SPSET RND(4000) OUT ID ↵
000004 ) SPOFS ID,RND(400)RND(240) ↵
000005 ) GOTO @LOOP ↵
```

「,」がない

ホントだ！　まちがえて消しちゃったのかな

そうかもしれないね。エラーメッセージの2行目に、日本語でもエラーの理由が表示されるよ。エラーが発生したときは、エラーメッセージを確認しつつ、F4 をおしてまちがっている行に移動して、どこに問題があるのか探そう

オッケー！

たとえプロであっても、プログラミングにまちがいはつきものだよ。エラーメッセージが出てきても、あわてずにまちがいを探して、直すことができれば大丈夫だからね

SECTION

4

スプライトを規則正しく並べよう

セル

ランダムに表示するのもいいけど、もう少し規則正しく整列させられないかな？

ピクス

そうするには、スプライトを表示する座標を計算して求める必要があるね

| STEP 1 | スプライトを横1列に並べよう |

たとえば横1列に並べたかったら、座標の横位置の数を少しずつ増やしていけばいい。こういう風にね

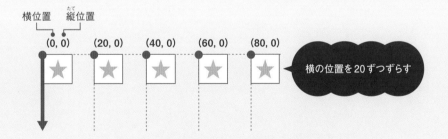

横位置　縦位置

(0, 0)　(20, 0)　(40, 0)　(60, 0)　(80, 0)

横の位置を20ずつずらす

プログラムで書くとこんな感じかな？

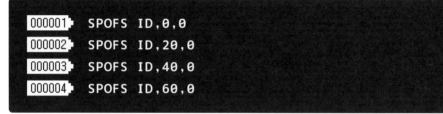

```
000001  SPOFS ID,0,0
000002  SPOFS ID,20,0
000003  SPOFS ID,40,0
000004  SPOFS ID,60,0
```

それでもできるけど、同じプログラムをたくさん書くのは大変じゃない？　横位置を変数に入れておいて、それを足し算で増やすくり返し処理のプログラムを作れば、もっと短く書けるよ

ピクス

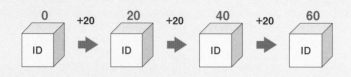

あ、そうか

セル

変数に横位置の数字を入れておいて、プログラムの途中で変数に数を足し、それをGOTO命令でくり返せばいいよね

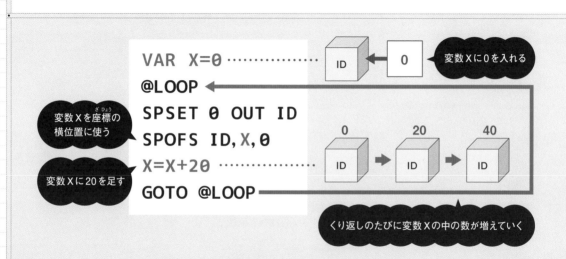

変数Xを座標の横位置に使う

変数Xに20を足す

変数Xに0を入れる

くり返しのたびに変数Xの中の数が増えていく

```
VAR  X=0
@LOOP
SPSET 0 OUT ID
SPOFS ID,X,0
X=X+20
GOTO @LOOP
```

変数とGOTO命令の合わせ技だね！　ほかのプログラムでも使えそうだなぁ

それでは、実際にプログラムを入力して動かしてみよう

次のプログラムを入力して、 F5 で実行しよう！

```
000001   ACLS
000002   VAR X=0                 → 変数Xに0を入れる
000003   @LOOP
000004   SPSET RND(1220) OUT ID
000005   SPOFS ID,X,0            → スプライトの横位置を変数Xで指定
000006   X=X+20                  → 変数Xに20を足す
000007   WAIT 1
000008   GOTO @LOOP
```

横に並んだけど、なかなか「OK」が出てこないね。どうしたんだろう？

それはプログラムがまだ終わっていないからだよ。画面外までずっと4096個のスプライトを並べようとしているんだ。止まるまで待ちきれなかったら、 F5 でプログラムを中断しよう

そういえば、8行目のWAITって今まで使ったことあるっけ？

ピクス

よく気づいたね。WAITは「待つ」という意味で、プログラムを一時的に停止する命令だよ。WAITのあとに置く数字は停止する秒数で、1が1/60秒にあたるんだ。スプライトがゆっくり表示されるのはWAITのおかげだよ

プログラムを一時停止する秒数。
1で1/60秒、60で1秒になる

WAIT␣1

STEP 2 | スプライトを折り返して並べよう

セル

画面のはしまで並んだら、折り返しさせることはできないのかな？
こんな感じで

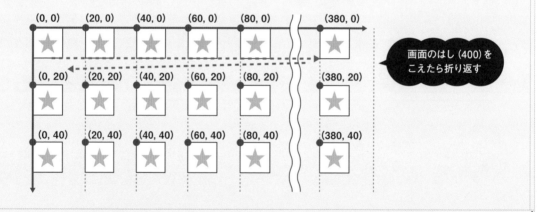

| (0, 0) | (20, 0) | (40, 0) | (60, 0) | (80, 0) | (380, 0) |

画面のはし (400) を
こえたら折り返す

| (0, 20) | (20, 20) | (40, 20) | (60, 20) | (80, 20) | (380, 20) |

| (0, 40) | (20, 40) | (40, 40) | (60, 40) | (80, 40) | (380, 40) |

もちろんできるよ。いろいろなやり方があるけど、ここではIF文を使おう。IFは英語で「もし〜なら」、IFといっしょに使うTHENは「それから」で、「もし〜なら、それから〇〇する」という意味になるんだ。IF文を使えば、条件つきで実行されるプログラムの流れを作ることができるよ

条件つきで実行されるプログラムを作る

```
IF 条件式 THEN
 条件が成立するときに実行する処理
ENDIF
```

IF文の終わり

1文字分スペースを空ける

この「条件式」ってなに？

条件式は判定したい条件の内容を書くところだよ。今回の場合、変数Xが400以上になったら、変数Xを0にもどして、縦位置を表す変数の数字が増えるようにすれば、下に新しい列を作ることができるね

```
VAR X=0,Y=0
@LOOP
SPSET RND(1220) OUT ID
SPOFS ID,X,Y
X=X+20
IF X>=400 THEN
 X=0
 Y=Y+20
ENDIF
GOTO @LOOP
```

横位置を表す変数Xと、縦位置を表す変数Yを用意

変数Xが400以上になったら

変数Xを0にして

変数Yを20増やす

IF文で使える、数の大小の関係を表す記号には、いくつか種類があるよ

ピクス

数の大小を表す記号

記号	意味	例
==	等しい	X==10 → X は 10 と等しい
!=	等しくない	X!=10 → X は 10 と等しくない
<	左の値のほうが小さい	X<10 → X は 10 より小さい
>	左の値のほうが大きい	X>10 → X は 10 より大きい
<=	左の値のほうが小さい、または等しい	X<=10 → X は 10 より小さい、または等しい
>=	左の値のほうが大きい、または等しい	X>=10 → X は 10 より大きい、または等しい

数の大小を比べることで、たとえば「HPが0以下になったらゲームオーバーになる」みたいなプログラムを作ることもできるよ！

次のプログラムを入力して、F5 で実行しよう！

```
000001   ACLS
000002   VAR X=0,Y=0
000003   @LOOP
000004   SPSET RND(1220) OUT ID
000005   SPOFS ID,X,Y
000006   X=X+20
000007   IF X>=400 THEN
000008    X=0
000009    Y=Y+20
000010   ENDIF
000011   WAIT 1
000012   GOTO @LOOP
```

 このプログラムのように、条件によってプログラムの流れが変わるようにすることを分岐処理というよ

▼

TRY!

やってみよう

200pxの幅で折り返すように、プログラムを修正しよう。

解答 ☞ 221ページ

| STEP 3 | わり算のあまりを使って折り返しさせよう |

 IF文を使う以外にも、わり算のあまりを使って折り返す方法もあるよ

▼

 わり算のあまりはMODで求めるんだったよね。それが折り返して並べるプログラムとどういう関係があるの？

セル

▼

 横位置を表す変数Xが20ずつ増える場合、変数Xを画面の幅の最大値である400でわってあまりを求めると、こうなるよね

▼

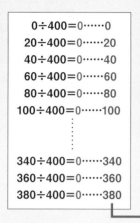

$$0 \div 400 = 0 \cdots\cdots 0$$
$$20 \div 400 = 0 \cdots\cdots 20$$
$$40 \div 400 = 0 \cdots\cdots 40$$
$$60 \div 400 = 0 \cdots\cdots 60$$
$$80 \div 400 = 0 \cdots\cdots 80$$
$$100 \div 400 = 0 \cdots\cdots 100$$
$$\vdots$$
$$340 \div 400 = 0 \cdots\cdots 340$$
$$360 \div 400 = 0 \cdots\cdots 360$$
$$380 \div 400 = 0 \cdots\cdots 380$$

$$400 \div 400 = 1 \cdots\cdots 0$$
$$420 \div 400 = 1 \cdots\cdots 20$$
$$440 \div 400 = 1 \cdots\cdots 40$$
$$460 \div 400 = 1 \cdots\cdots 60$$
$$480 \div 400 = 1 \cdots\cdots 80$$
$$500 \div 400 = 1 \cdots\cdots 100$$
$$\vdots$$
$$740 \div 400 = 1 \cdots\cdots 340$$
$$760 \div 400 = 1 \cdots\cdots 360$$
$$780 \div 400 = 1 \cdots\cdots 380$$

$$800 \div 400 = 2 \cdots\cdots 0$$
$$820 \div 400 = 2 \cdots\cdots 20$$
$$840 \div 400 = 2 \cdots\cdots 40$$
$$860 \div 400 = 2 \cdots\cdots 60$$
$$880 \div 400 = 2 \cdots\cdots 80$$
$$900 \div 400 = 2 \cdots\cdots 100$$
$$\vdots$$
$$1140 \div 400 = 2 \cdots\cdots 340$$
$$1160 \div 400 = 2 \cdots\cdots 360$$
$$1180 \div 400 = 2 \cdots\cdots 380$$

セル

あ、あまりが380になったら0にもどってる！

ピクス

そう、少しずつ増えていく変数を決まった数でわると、わり算のあまりはくり返しの数になるんだ。よく見ると、20ずつ増える変数Xが画面の最大幅をこえるまでの値と同じになってるでしょ？
つまり、わり算のあまりを横位置の変数の代わりに使えるんだ。わり算で求めた商は1ずつ増えていくから、この商に20をかければ、縦位置を表す変数の代わりにできるよ

$$X \div 400 = 商 \cdots\cdots あまり$$

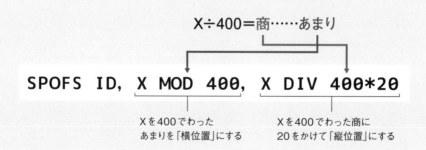

SPOFS ID, X MOD 400, X DIV 400*20

Xを400でわった
あまりを「横位置」にする

Xを400でわった商に
20をかけて「縦位置」にする

MODはこういうときに使えるんだね。あれ、わり算は「/」（スラッシュ）を使うんじゃないの？

 「X/400」で求めると、商が小数点以下をふくむ数になってしまうんだ。今回必要なのは整数だけだから、「DIV」で小数点以下を切りすてた商をもとめよう

次のプログラムを入力して、F5 で実行しよう！

```
000001   ACLS
000002   VAR X=0
000003   @LOOP
000004   SPSET RND(1220) OUT ID
000005   SPOFS ID, X MOD 400, X DIV 400*20   → 計算で位置を求める
000006   X=X+20
000007   WAIT 1
000008   GOTO @LOOP
```

 へぇ、IF文を使ったプログラムよりちょっとだけ短いね

 そう、この方法なら作る変数は1つでいいし、IF文を使うよりプログラムが短くなる。わり算のあまりを利用する方法は、覚えておくと便利だよ

TRY!

やってみよう

わり算のあまりを使ったプログラムを、200ピクセルの幅で折り返すように変えてみよう。

解答 ☞ 222ページ

CHALLENGE!

応用問題

ピクス

この章で学んだ、いろいろなスプライトをランダムに画面に表示するプログラムをおさらいしよう

セル

RND命令が3つあるね

RND命令でスプライトに持たせる絵の番号、スプライトの横位置と縦位置をランダムに指定するんだったね。ほかにはなにが必要かな？

次のプログラムの【 】にあてはまるプログラムを、（　　）の中に書こう。

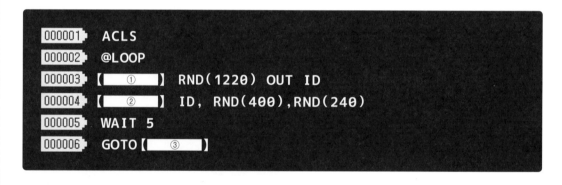

```
000001   ACLS
000002   @LOOP
000003   【    ①    】 RND(1220) OUT ID
000004   【    ②    】 ID, RND(400),RND(240)
000005   WAIT 5
000006   GOTO【    ③    】
```

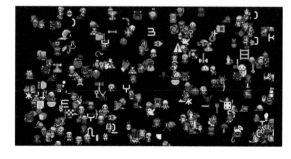

① (　　　　　　　　　　　)

② (　　　　　　　　　　　)

③ (　　　　　　　　　　　)

解答 ☞ 222ページ

タイピングゲームを作ろう

ゲームの流れを整理しよう

ピクス

> ここからは、キーボードの入力練習ができるタイピングゲームを作っていこう

セル

> やっとゲームが作れるんだ！

> プログラムを作る前に、ゲームの流れを確認しておこう。今回はいろんな早口言葉を入力させるゲームを作っていくよ

---

① プレイヤーに入力させる文字（問題文）と、「にゅうりょくせよ」という指示が表示される

> にわにはにわにわとりがいる
> にゅうりょくせよ

---

② カーソルが表示されたところに、問題文と同じ文を入力する

> にわにはにわにわとりがいる
> にゅうりょくせよ
> |

> にわにはにわにわとりがいる
> にゅうりょくせよ
> にわにはにわにわとりがいる|

---

③ 入力した内容が正しい場合は「せいかい」の文字と、入力にかかった時間が表示される

> にわにはにわにわとりがいる
> にゅうりょくせよ
> にわにはにわにわとりがいる
> せいかい
> ２１．４びょう

④ まちがっている場合は「ミス」の文字と、
　 入力にかかった時間が表示される

```
にわにはにわにわとりがいる
にゅうりょくせよ
にわにわにわにわとりがいる
ミス
4.902びょう
```

この流れを1セットとして、連続でいろんな問題を出すプログラム
を作るよ

```
にわにはにわにわとりがいる
にゅうりょくせよ
にわにはにわにわとりがいる
せいかい
21.4びょう
なまむぎなまごめなまたまご
にゅうりょくせよ
なまむぎなまごめなまたまご
せいかい
24.391びょう
ばすがすばくはつ
にゅうりょくせよ
ばすがすばくはつ
せいかい
16.737びょう
OK
```

こんなの作れるかな……なんだか心配になってきた

大丈夫！　このゲームは、20行ぐらいのプログラムで作れちゃう
んだ

そうなんだ！　てっきりもっとたくさん書かなくちゃいけないのか
と思った

「入力を求めるプログラム」「答え合わせをするプログラム」など、
いくつかの段階に分けて少しずつ説明していくから、いっしょにが
んばろう！

入力を求めるプログラムを作ろう

セル

どこから始めればいいの？

ピクス

まずは、プレイヤーに文字の入力を求めるプログラムから作っていこう

| STEP 1 | 問題文を変数に入れよう |

プレイヤーに入力させる文字は、あとで正しく入力されたかどうか確認するから、使いまわせるように変数に入れよう。変数に文字を入れるときは、「"」（ダブルクォーテーション）で囲むのがルールだよ

問題を入れる変数

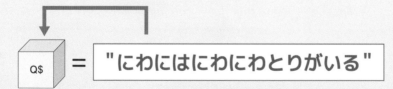

VAR　Q$="にわにはにわにわとりがいる"

文字を入れる変数には「$」をつける　　　ダブルクォーテーション

Q$ ＝ "にわにはにわにわとりがいる"

データは「=」で変数に入れるんだったね。変数名についてる「$」はなんだろう？

文字を変数に入れるときは、変数名のうしろに「$」をつけて、文字が入っていることを表すんだ。「$」がついていなければ、数字が入った変数と判断できるよ

次のプログラムを入力して、F5 で実行しよう！

```
000001  ACLS
000002  VAR Q$="にわにはにわにわとりがいる"
000003  PRINT Q$
000004  PRINT "にゅうりょくせよ"
```

```
にわにはにわにわとりがいる
にゅうりょくせよ
OK
```

これで、まずは問題を出せるようになったよ

COLUMN

数字を入れる変数につける記号

数字を入れる変数には「%」をつける場合がありますが、基本的には省略してかまいません。

数字を入れる変数は「%」をつけてもよい

$$VAR \ X\%=10$$

STEP 2 | 答えを入力してみよう

次は問題に出された文字を入力できるようにしよう。文字の入力を求める命令は、LINPUTだよ。LはLINEの略で「1行」、INPUTは「入力する」で、合わせると「1行入力する」という意味になるんだ

ピクス

文字の入力を求める命令　　入力された文字を入れる変数

LINPUT A$

1文字分スペースを空ける

セル

入力した文字はどうやって表示させればいいの？

LINPUTのあとに書く変数に、入力された文字が入るよ。PRINTでその変数を表示させると、入力された文字が表示されるんだ

次のプログラムを入力して、F5 で実行しよう！

```
000001  ACLS
000002  VAR Q$="にわにはにわにわとりがいる"
000003  PRINT Q$
000004  PRINT "にゅうりょくせよ"
000005  LINPUT A$    ──→ 入力を求める
000006  PRINT A$     ──→ 入力した文字を表示する
```

実行すると「にゅうりょくせよ」の次の行にカーソルが表示されて、プレイヤーの入力待ち状態になるよ

① 実行するとカーソルが表示される

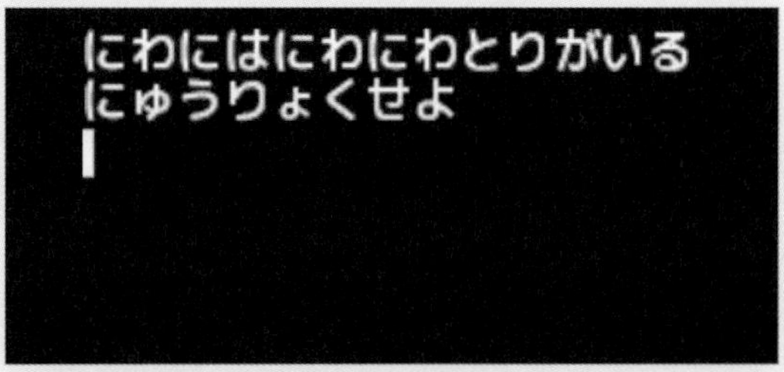
にわにはにわにわとりがいる
にゅうりょくせよ

② 文字を入力する

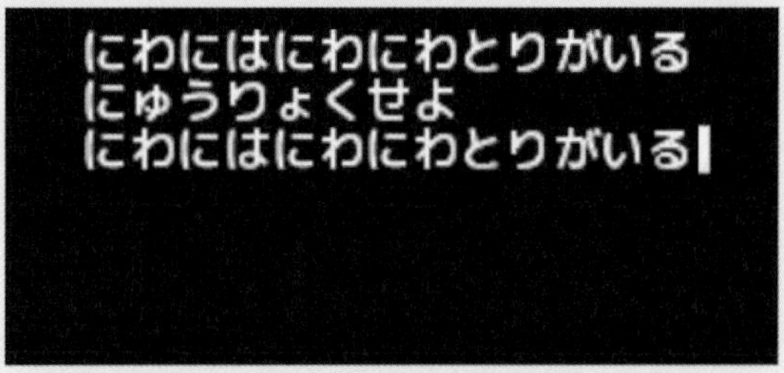
にわにはにわにわとりがいる
にゅうりょくせよ
にわにはにわにわとりがいる

③ Enter（エンター）をおすと、次の行に入力した文字が表示される

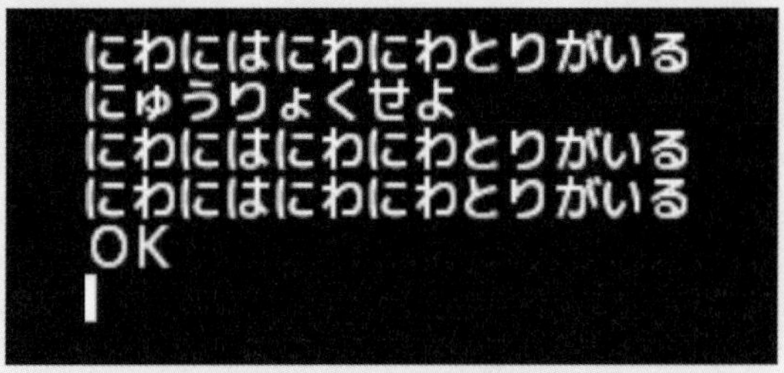
にわにはにわにわとりがいる
にゅうりょくせよ
にわにはにわにわとりがいる
にわにはにわにわとりがいる
OK

TRY!

やってみよう

変数Q$に入れる問題文を変えてみよう。

解答（かいとう） ☞ 222ページ

答えを判定するプログラムを作ろう

ピクス

次はプレイヤーの入力した文字が合っているか判定するプログラムを作るよ

セル

画面に表示された問題文と見比べればいいんじゃない？

それだと、問題文が長いときは大変だよ。自動で判定できるようにしておけば便利だよね

STEP 1	答えを判定する分岐処理を作ろう

入力された文字が正しいときは「せいかい」、まちがっているときは「ミス」と表示する分岐処理を作ろう

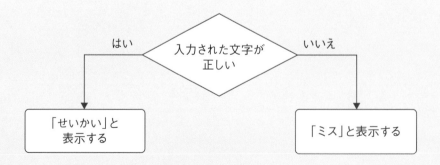

なんだか分かれ道みたいだね

そう、分かれ道みたいな処理だから、分岐処理というんだ。まずは IF文を使って、入力された文字が合っているときの処理を作ろう。 今回は変数Q$と変数A$の文字が同じかどうかを確認したいから、 「==」で変数同士をつなげて条件式を作るよ ▼

IF Q$==A$ THEN

Q$="こんにちは" A$="こんにちは" Q$==A$

⬇

条件が成立する （同じ文字である）

Q$="こんにちは" A$="こんばんは" Q$==A$

⬇

条件が成立しない （同じ文字ではない）

あれ？ 「=」って変数にデータを「入れる」って意味じゃなかったっ け？ ▼

「=」は1つなら「入れる」という意味だけど、2つ並べると左右に あるデータが等しいかどうか調べる命令になるんだ。条件が成立し たら、「せいかい」と表示されて、音が鳴るようにしてみよう ▼

次のプログラムを入力して、F5 で実行しよう！

```
000001  ACLS
000002  VAR Q$="にわにはにわにわとりがいる"
000003  PRINT Q$
000004  PRINT "にゅうりょくせよ"
000005  LINPUT A$
000006  IF Q$==A$ THEN      → 分岐処理を作る
000007   PRINT "せいかい"
000008   BEEP 70
000009  ENDIF              → 分岐処理の終わり
```

```
にわにはにわにわとりがいる
にゅうりょくせよ
にわにはにわにわとりがいる
せいかい
OK
```

セル

正しく入力したら「せいかい」と出てきて、音が鳴った！

ピクス

変数Q$と変数A$に入っている文字が同じだから、「Q$==A$」の条件が成立して、THENとENDIFの間にある行のプログラムが実行されたわけだね

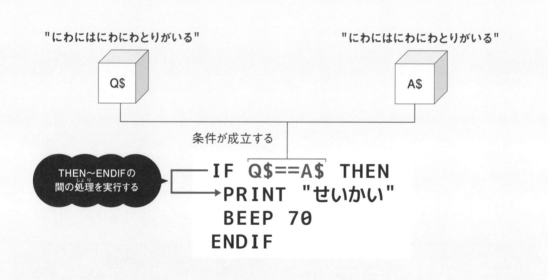

"にわにはにわにわとりがいる"   "にわにはにわにわとりがいる"

Q$ A$

条件が成立する

THEN〜ENDIFの間の処理を実行する

```
IF Q$==A$ THEN
  PRINT "せいかい"
  BEEP 70
ENDIF
```

TRY!

やってみよう

問題文とちがう文字を入力するとどうなるか、確認してみよう。

解答 ☞ 222ページ

| STEP 2 | まちがっているときの処理を作ろう |

正解したときの処理は作れたけど、まちがえたときの処理はどうすればいいの？

IF文にELSE文を組み合わせると、条件が成立しなかったときの処理を作ることができるよ

```
IF　条件式　THEN
　条件が成立するときに実行する処理
ELSE
　条件が成立しないときに実行する処理
ENDIF
```

ELSEは「〜以外」という意味だよ。IF文と組み合わせることで、「条件が成立したら〇〇する。それ以外は××する」という意味になるね。問題文とちがう文字が入力されたら、「ミス」と表示されて「せいかい」とはちがう音が鳴るようにしよう

正解したときはBEEP70で「オッケー！」と鳴るようにしたから、今度はまちがいを知らせるような音がいいかな

いいね。この本の巻末に、どの番号でどんな音が鳴るかを一覧にしているから、いろいろ試してゲームの内容にふさわしいものを選んでね

次のプログラムを入力して、F5 で実行しよう！

```
000001  ACLS
000002  VAR Q$="にわにはにわにわとりがいる"
000003  PRINT Q$
000004  PRINT "にゅうりょくせよ"
000005  LINPUT A$
000006  IF Q$==A$ THEN
000007    PRINT "せいかい"
000008    BEEP 70
000009  ELSE ─────→ 「条件が成立しないとき」の処理を追加
000010    PRINT "ミス"
000011    BEEP 2
000012  ENDIF
```

```
にわにはにわにわとりがいる
にゅうりょくせよ
にわにわにわにわとりがいる
ミス
OK
```

まちがえたら、「ミス」って表示されるようになった！

セル

今度は変数 Q$ と変数 A$ に入っている文字がちがうから、「Q$==A$」の条件式が成立しないよ。この場合、IF と ELSE の間にあるプログラムがスキップされて、ELSE と ENDIF の間にある行のプログラムが実行されるんだ

ピクス

これで「せいかい」と「ミス」の分かれ道ができたね！

"にわにはにわにわとりがいる"　Q$

"にわにわにわにわとりがいる"　A$

条件が成立しない

```
IF Q$==A$ THEN
 PRINT "せいかい"
 BEEP 70
ELSE
 PRINT "ミス"
 BEEP 2
ENDIF
```

ELSE〜ENDIFの
間の処理を実行する

プログラムのしくみがわかったら、表示される文字やBEEP音の設定を変えて、自由にアレンジしてみてね

TRY!

やってみよう

入力がまちがっていたときに表示される文字やBEEP音を、自由に変えて実行してみよう。

解答 ☞ 222ページ

問題をたくさん作ろう

セル

もっと問題をたくさん出したいけど、問題ごとにちがう変数を作る
のはめんどくさいなぁ

ピクス

そうだね。問題を作るたびに変数を新しく作るのは大変だから、
「配列」を使って、1つのプログラムで複数の問題を管理できるよう
にしようか

| STEP 1 | 配列の仕組みを知ろう |

配列も変数と同じで、数字や文字などのデータを入れておく箱のよ
うなものだよ。変数とちがって、複数の箱が1つに合体していて、
その箱ごとにデータを入れられるんだ。個々の箱は「要素」とも呼
ぶよ

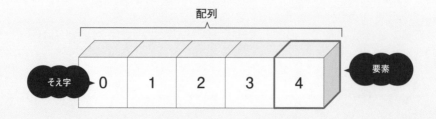

配列のそれぞれの箱には、そえ字と呼ばれる番号がつくんだ。マン
ションの部屋番号みたいだよね

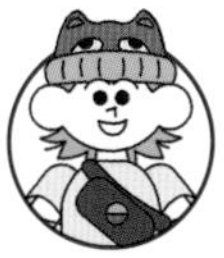

じゃあ、配列の中に入るデータはマンションに住んでいる人って感じだね

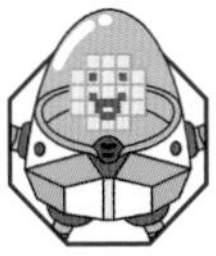

変数を作る命令はVAR（バー）だけど、配列を作るときはDIM（ディム）を使うよ。まずは、まだデータが入っていない、空っぽの配列を作ろう

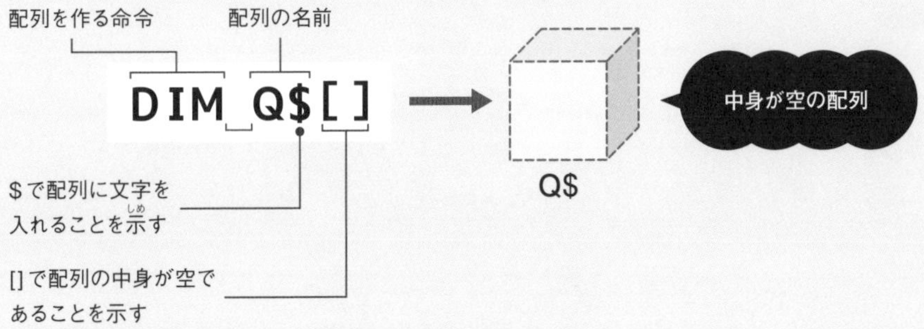
配列を作る命令
配列の名前
DIM Q$[ ]
$で配列に文字を入れることを示す
[]で配列の中身が空であることを示す
Q$
中身が空の配列

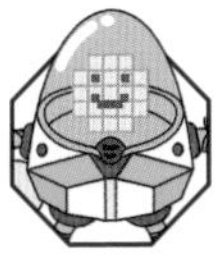

配列を作るときは、中に入っているデータを区別しやすいように、文字のときは「$[]」、数字のときは「%[]」を配列名の最後につけよう

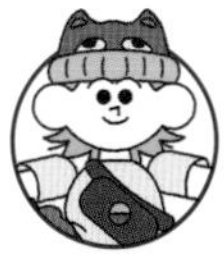

変数名をつけるときも、文字を入れるときはうしろに「$」をつけるんだったよね

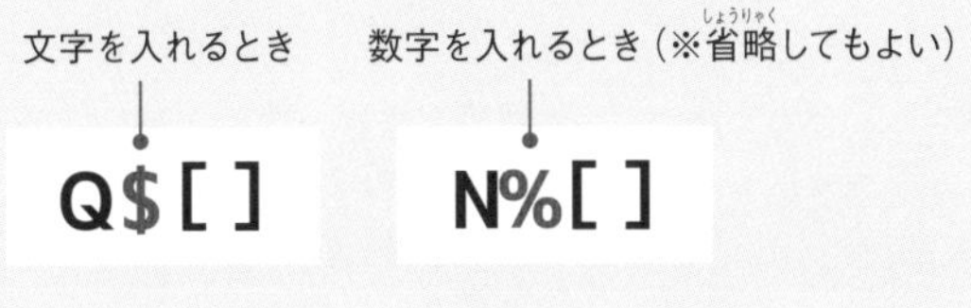
文字を入れるとき
数字を入れるとき（※省略してもよい）
Q$[ ]
N%[ ]

SECTION 4

STEP 2　データを出し入れする方法を知ろう

配列の作り方がわかったところで、次はデータを出し入れする方法を確認しよう

ピクス

もしかして、データの入れ方も変数とちがうの？

セル

そのとおり！　配列にデータを入れるときは、PUSH（プッシュ）という命令を使うよ

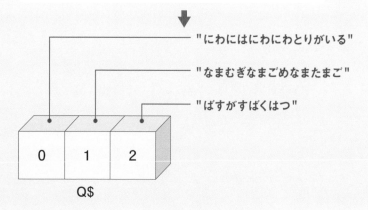

配列にデータを入れる命令　配列　配列に入れる文字（問題文）

PUSH_Q$, "にわにはにわにわとりがいる"

カンマで区切る

PUSH　Q$, "にわにはにわにわとりがいる"
PUSH　Q$, "なまむぎなまごめなまたまご"
PUSH　Q$, "ばすがすばくはつ"

"にわにはにわにわとりがいる"
"なまむぎなまごめなまたまご"
"ばすがすばくはつ"

0　1　2

Q$

92

そえ字はPUSH命令で追加した順番に0から自動でふられていくんだ。PUSH命令でデータを入れるときは、配列名のうしろの[]はつけないよ

マンションの部屋番号は1から始まるけど、配列のそえ字は0から始まるんだね。入れたデータはどうやって取り出せばいいの？

配列に入れた個々のデータは、部屋番号であるそえ字を使って取り出すよ

取り出したいデータのそえ字

Q$[1]

[ ]で囲む

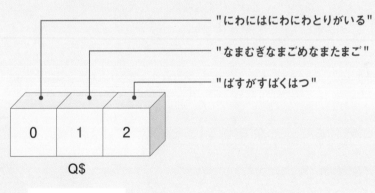

"にわにはにわにわとりがいる"

"なまむぎなまごめなまたまご"

"ばすがすばくはつ"

0 1 2

Q$

Q$[1]

↓

"なまむぎなまごめなまたまご"

STEP 3	配列を使ったプログラムに変えよう

ピクス

> ちょっと入力する行数が多いけど、がんばって配列を使ったプログラムに変えてみよう

次のプログラムを入力して、 F5 で実行しよう！

```
000001  ACLS
000002  DIM Q$[]                                  ── 空の配列を作る
000003  PUSH Q$,"にわにはにわにわとりがいる"        ── 配列にデータを追加する
000004  PUSH Q$,"なまむぎなまごめなまたまご"        ── 配列にデータを追加する
000005  PUSH Q$,"ばすがすばくはつ"                 ── 配列にデータを追加する
000006
000007  PRINT Q$[1]                               ── 配列の2つ目のデータを表示
000008  PRINT "にゅうりょくせよ"
000009  LINPUT A$
000010  IF Q$[1]==A$ THEN                         ── 配列の2つ目のデータと入力した文字を判定
000011   PRINT "せいかい"
000012   BEEP 70
000013  ELSE
000014   PRINT "ミス"
000015   BEEP 2
000016  ENDIF
```

```
なまむぎなまごめなまたまご
にゅうりょくせよ
なまむぎなまごめなまたまご
せいかい
OK
|
```

セル

たくさんの問題の中から、そえ字で出題する問題を呼び出せた！

7行目と10行目の[]にちがうそえ字を入れてしまうと、正しい判定ができなくなるから気をつけてね

TRY!

やってみよう

配列Q$の3つ目のデータを問題に出してみよう。

解答 ☞ 222ページ

COLUMN

配列に入れたデータの上書き

配列に入れたデータは「=」とそえ字を使って、あとから上書きすることができます。

```
000001  ACLS
000002  DIM Q$[]
000003  PUSH Q$,"にわにはにわにわとりがいる"
000004  PRINT Q$[0]
000005  Q$[0]="ばすがすばくはつ" ──→ データを上書き
000006  PRINT Q$[0]
```

```
にわにはにわにわとりがいる
ばすがすばくはつ
OK
```

問題をくり返し出してみよう

ピクス

次は問題を連続で出せるように、同じ命令をくり返す「くり返し処理」を作っていこう

セル

問題を出すところから結果を表示するところまで、同じプログラムをコピペすればいいんじゃないの？

くり返し処理を使えば、より短い行数で連続して問題を出せるようになるんだ

STEP 1　くり返し処理を作ろう

ここまでで、次の①〜⑤の処理は作ったけど、連続して問題を出すためには②〜⑤の処理を何回も実行する必要があるよね

①問題を作る
②問題を表示する
③文字を入力する
④入力した文字と問題が同じかを判定する
⑤結果を表示する

うん、②〜⑤の部分をコピペすればいいのかなって思ったんだけど……

コピペでもできるんだけど、FOR文を使うともっとかんたんにできるんだ。さっき配列で3問分の問題を作ったから、同じ処理を3回くり返すプログラムを作ってみよう

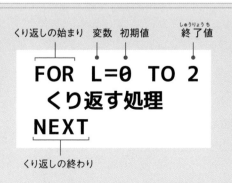

くり返しをする命令はFOR。FORとNEXTの間にある行が何回もくり返されるんだ。始めるときは、FORのあとの変数に「くり返す回数」にあたる数字を入れよう。スタートにあたる「初期値」には0、ゴールにあたる「終了値」には2を入れるよ。NEXTは「次へ」という意味だから、NEXTの行まで来たら次のくり返しに移るという意味になるね

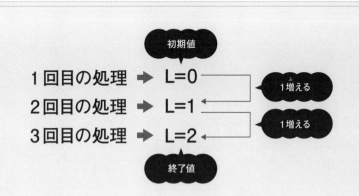

ピクス

「TO」は「〜へ」という意味だから、「FOR L=0 TO 2」で「変数L
が0から2へ」という意味になるよ。0が初期値、2が終了値だか
ら、くり返すたびに変数Lの中の数字が0から1ずつ増えて、2になっ
たら終わるということだね

セル

くり返すたびに変数Lに入っている数字が更新されていくんだね

この変数Lに入れた数字を配列のそえ字として使うと、くり返すた
びにちがう問題を出せるようになるんだ

変数を使ってそえ字を指定する

$$Q\$[L]$$

だんだんプログラムが長くなってきたけど、がんばってFOR文を
使ったプログラムに変えてみよう

次のプログラムを入力して、F5 で実行しよう！

```
000001   ACLS
000002   DIM Q$[]
000003   PUSH Q$,"にわにはにわにわとりがいる"
000004   PUSH Q$,"なまむぎなまごめなまたまご"
000005   PUSH Q$,"ばすがすばくはつ"
000006
000007   FOR L=0 TO 2              ← FOR文でくり返す
000008     PRINT Q$[L]            ← くり返す回数をそえ字にして問題を指定する
000009   PRINT "にゅうりょくせよ"
000010   LINPUT A$
000011   IF Q$[L]==A$ THEN        → 指定された問題と入力データを判定
```

次ページへ

```
000012    PRINT "せいかい"
000013    BEEP 70
000014  ELSE
000015    PRINT "ミス"
000016    BEEP 2
000017  ENDIF
000018  WAIT 60  ─────────→  待ち時間を入れる
000019  NEXT  ───────────→  次のくり返しに進む
```

```
にわにはにわにわとりがいる
にゅうりょくせよ
にわにはにわにわとりがいる
せいかい
なまむぎなまごめなまたまご
にゅうりょくせよ
なまむぎなまこめまなたまご
ミス
ばすがすばくはつ
にゅうりょくせよ
ばすがすばくはつ
せいかい
OK
```

 すごーい！　何行か直しただけで連続で問題が出るようになった！

 プログラムの流れを確認しておこう。配列を作って問題を入れたあと、7〜19行目をFOR文でくり返し処理を行っているよ

```
FOR L=0 TO 2
 PRINT Q$[L]
 PRINT "にゅうりょくせよ"
   ⋮
 ELSE
  PRINT "ミス"
  BEEP 2
 ENDIF
 WAIT 60
NEXT
```

変数Lに0を入れて、
変数Lが2になるまで
くり返す

ピクス

初期値が0で終了値が2だから、変数Lに0を入れて、変数Lが2になるまでくり返すという命令になるよ。くり返すごとに変数Lの数字が変わるから、配列から取り出す文字も変わるんだ

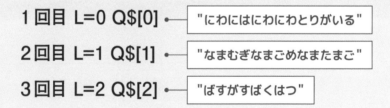

1回目 L=0 Q$[0] ● ─ "にわにはにわにわとりがいる"

2回目 L=1 Q$[1] ● ─ "なまむぎなまごめなまたまご"

3回目 L=2 Q$[2] ● ─ "ばすがすばくはつ"

TRY!

やってみよう

配列Q$に「ろうにゃくなんにょ」を追加して、くり返し処理で問題を4回連続で出してみよう。

解答 ☞ 222ページ

100

SECTION 6

エラーが発生したとき②

セル

問題を追加したら、またエラーになっちゃったよ……

プログラムにエラーはつきものだからね。エラーメッセージから原因_{（げん）}因_{（いん）}をいっしょに探_{（さが）}してみよう

```
にわにはにわにわとりがいる
にゅうりょくせよ
にわにはにわにわとりがいる
せいかい
なまむぎなまごめなまたまご
にゅうりょくせよ
なまむぎなまこめまなたまご
ミス
ばすがすばくはつ
にゅうりょくせよ
ばすがすばくはつ
せいかい
ろうにゃくなんにょ
にゅうりょくせよ
ろうにゃくなんにょ
せいかい
Subscript out of range in 0:9
配列サイズを超えたアクセスです
OK
```

62ページの「Out of range_{（アウト オブ レンジ）}」と似_{（に）}たエラーメッセージだね

「Subscript out of range_{（サブスクリプト アウト オブ レンジ）}」は「そえ字が範囲外_{（はんいがい）}」という意味だよ。F4をおしてエラーが発生した行を確認_{（かくにん）}してみよう

```
1 ACLS
2 DIM Q$[]
3 PUSH Q$,"にわにはにわにわとりがいる"
4 PUSH Q$,"なまむぎなまごめなまたまご"
5 PUSH Q$,"ばすがすばくはつ"
6 PUSH Q$,"ろうにゃくなんにょ"
7
8 FOR L=0 TO 4
9   PRINT Q$[L]
10  PRINT "にゅうりょくせよ"
11  LINPUT A$
12  IF Q$[L]==A$ THEN
13    PRINT "せいかい"
14    BEEP 70
15  ELSE
16    PRINT "ミス"
17    BEEP 2
18  ENDIF
19  WAIT 60
20 NEXT
```

セル

うーん……9行目のプログラムは問題なさそうだけど

ピクス

エラーが発生したのは9行目だけど、原因は別の行にあるかもしれないね。そえ字には変数Lを使っているから、8行目のFOR文で変数Lがどう変わるようになっているか確認しよう

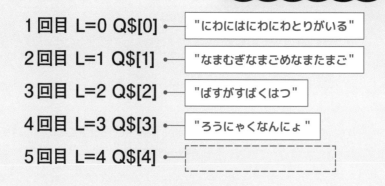

```
FOR L=0 TO 4
```
変数Lに0を入れて、
変数Lが4になるまでくり返す

1回目 L=0 Q$[0] ← "にわにはにわにわとりがいる"

2回目 L=1 Q$[1] ← "なまむぎなまごめなまたまご"

3回目 L=2 Q$[2] ← "ばすがすばくはつ"

4回目 L=3 Q$[3] ← "ろうにゃくなんにょ"

5回目 L=4 Q$[4] ←

あ！　そえ字が4になってる

エラーの原因はこれだね。FOR文の終了値に4を指定したことで、くり返す回数が配列に指定できるそえ字の数より大きくなってしまったんだ

配列の要素の数が4になったから4を指定したけど、そえ字は0〜3だから終了値は3にしないといけなかったのか

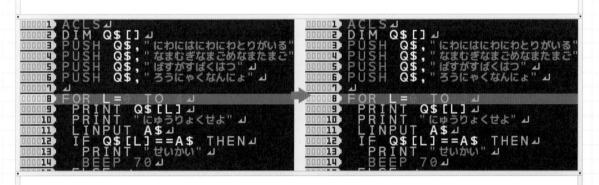

```
00001  ACLS
00002  DIM Q$[]
00003  PUSH  Q$,"にわにはにわにわとりがいる"
00004  PUSH  Q$,"なまむぎなまごめなまたまご"
00005  PUSH  Q$,"ばすがすばくはつ"
00006  PUSH  Q$,"ろにゃくなんにょ"
00007
00008  FOR L=0 TO 4
00009   PRINT Q$[L]
00010   PRINT "にゅうりょくせよ"
00011   LINPUT A$
00012   IF Q$[L]==A$ THEN
00013    PRINT "せいかい"
00014    BEEP 70
```

```
00001  ACLS
00002  DIM Q$[]
00003  PUSH  Q$,"にわにはにわにわとりがいる"
00004  PUSH  Q$,"なまむぎなまごめなまたまご"
00005  PUSH  Q$,"ばすがすばくはつ"
00006  PUSH  Q$,"ろにゃくなんにょ"
00007
00008  FOR L=0 TO 3
00009   PRINT Q$[L]
00010   PRINT "にゅうりょくせよ"
00011   LINPUT A$
00012   IF Q$[L]==A$ THEN
00013    PRINT "せいかい"
00014    BEEP 70
```

配列を使ったプログラムを作るときに、そえ字が原因のエラーが発生しやすいから注意しよう。それと、エラーの根本的な原因はエラーが発生した行にあるとはかぎらないから、処理の流れを見直すことも大切だよ

エラーメッセージはエラーの理由は教えてくれるけど、原因はちゃんと自分で探さないとダメってことだね

そういうこと。プログラムのしくみをきちんと理解できていれば、どこがまちがっているかは見直せばすぐわかるはずだよ

SECTION 7

ランダムに出題してみよう

セル

同じ順番で何回もやってるとあきてきちゃうなぁ……

ピクス

じゃあ、今度は問題がランダムに出てくるようにしようか

STEP 1 | ランダムにそえ字を指定しよう

ランダムに問題を出すには、RND命令と合わせてLEN命令を使うよ。LENは、配列の要素の数を取得する命令。たとえば、配列Q$の要素の数が3つだった場合、LEN命令の結果は3になるよ

要素の数は3

| 0 | 1 | 2 |

Q$

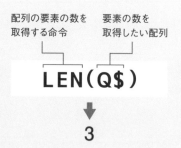

配列の要素の数を
取得する命令

要素の数を
取得したい配列

LEN(Q$)

↓

3

RND命令とLEN命令を合わせて使うってどういうこと？

RND命令で乱数を作るとき、乱数の範囲をLEN命令で指定するんだ。そうすると、配列の要素数の範囲で乱数を作れるよ

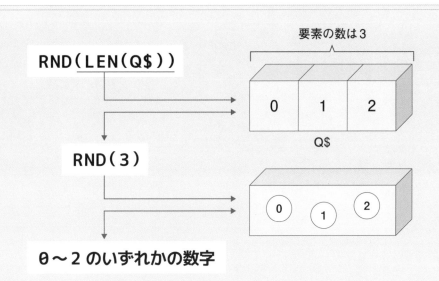

取得した乱数を変数に入れて、それを配列のそえ字として使えば、問題をランダムに出題できるんだ

98〜99ページのプログラムを修正して、F5 で実行しよう！

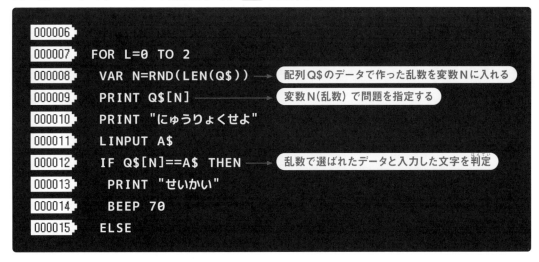

```
にわにはにわにわとりがいる
にゅうりょくせよ
にわにはにわにわとりがいる
せいかい
にわにはにわにわとりがいる
にゅうりょくせよ
にわにはにわにわとりがいる
せいかい
ばすがすばくはつ
にゅうりょくせよ
ばすがすはくはつ
ミス
OK
```

出題順がバラバラになって、同じ問題が出てくるようになった！

配列Q$の要素の数は3つだから、同じ問題が出てくる確率は3分の1だね。問題の数が増えれば、同じ問題が連続で出てくる確率は下がるよ

じゃあ、もっとむずかしい問題を入れて、問題の数を増やそうかな

いいね。問題が出てくる回数を増やしたいときは、「FOR L=0 TO 2」の終了値を変えよう。たとえば10回連続で出したいなら、9回くり返すから「2」を「9」に変えよう

TRY!

やってみよう

問題が5回連続で出てくるように、プログラムを修正しよう。

解答 ☞ 223ページ

SECTION 8

入力にかかった時間を計ろう

セル

あとは入力にかかった時間を表示するだけだね！

ピクス

時間を計る命令を使って、入力時間を計ってみよう。もう少しで完成だから、いっしょにがんばろう！

STEP 1 | 入力にかかった時間を確認しよう

入力にかかった時間は、問題が表示されたときと、入力し終わったときの時間がわかれば、その差から求められるよ

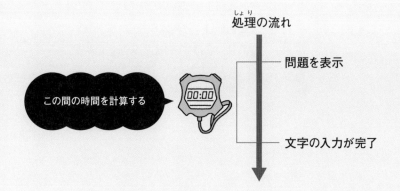

処理の流れ

この間の時間を計算する

問題を表示

文字の入力が完了

50メートル走でタイムを計るみたいだね

107

ピクス

それぞれの時間は、プチコン４を起動してからどのくらい時間が経過<small>けい</small>したかをもとに計算するよ。プチコン４を起動してから経過<small>か</small>した時間は、MILLISEC命令で計れるんだ

プチコン４を起動してから経過した時間を取得する命令

MILLISEC( )

問題を表示<small>ひょうじ</small>する前と、答えを入力したあとの時間をMILLISECで計ろう。「入力が終わった時間－問題が表示された時間」が入力にかかった時間ということになるね。MILLISECで計る時間は、それぞれ別の変数に入れよう

処理<small>しょり</small>の流れ

開始時間

```
VAR ST=MILLISEC( )
PRINT Q$[N]
PRINT "にゅうりょくせよ"
LINPUT A$
VAR ED=MILLISEC( )
```

終了時間<small>しゅうりょう</small>

セル

引き算は「－」を使えばいいだけだから、かんたんだね

ところが、そうかんたんにはいかないんだよね……

STEP 2 | 複数の演算子を使って計算しよう

 実はMILLISEC命令で計った時間は、ミリ秒で表されるんだ

 ミリ？ ミリは長さを測る単位じゃないの？

 ミリ秒は1000分の1秒。1センチメートルを10ミリメートルとも表せるように、1秒は1000ミリ秒と表せるんだ

1秒　＝　1000ミリ秒

1分　＝　60秒　＝　60000ミリ秒

 たとえば、プチコン4を19時0分0秒に起動して、19時5分0秒と19時6分0秒にMILLISEC命令を実行すると、結果は300000ミリ秒と360000ミリ秒になるよ

処理の流れ

開始時間

```
VAR ST=MILLISEC()
PRINT Q$[N]
PRINT "にゅうりょくせよ"
LINPUT A$
VAR ED=MILLISEC()
```

19時5分0秒

300000 ST

19時6分0秒

360000 ED

終了時間

セル

300000ミリ秒!?　数字が大きすぎて、どのくらい時間がかかったのかわからないよ

ピクス

だよね。かかった時間をわかりやすくするために、計算してミリ秒から秒に直そう。ミリ秒は1000分の1秒だから、秒に直すには1000でわればいいよね

先に計算したい部分を()で囲む

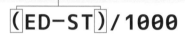

$$(ED-ST)/1000$$

なんで「ED－ST」を( )で囲んでるの？

( )を使わないと、「－」より「/」を使った計算が先に実行されてしまうんだ。算数の計算でも、1つの式の中でかけ算やわり算より先に足し算や引き算をしたいとき、( )を使うよね。それと同じだよ

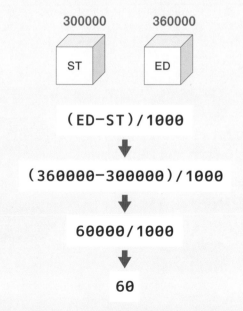

300000　　　360000

ST　　ED

（ED-ST）/1000

↓

（360000-300000）/1000

↓

60000/1000

↓

60

60秒ならわかりやすいね！

| STEP 3 | 数字と文字を表示しよう |

 最後に、入力にかかった時間を表示する方法を確認しておこう

 今までどおり、PRINT で表示すればいいんじゃないの？

 たしかにPRINTは使うんだけど、計算した時間の後ろに単位の「びょう」を表示しようとすると……

```
PRINT（ED-ST）/1000"びょう"
```

```
Syntax error in 0:16
文法まちがい
OK
```

 あれ？　エラーになっちゃった

 PRINTで1行の中に計算結果と文字をそのまま書いても表示できないよ。2つ以上のデータを改行せずに続けて表示したいときは、「；」(セミコロン) でつなげよう

セミコロンでつなぐ

```
PRINT（ED-ST）/1000；"びょう"
```

```
にわにはにわにわとりがいる
にゅうりょくせよ
にわにはにわにわとりがいる
せいかい
21.4びょう
```

セル

へぇ～、こんな書き方もあるんだ

ピクス

これもよく使うテクニックだから、覚えておいてね

STEP 4	プログラムを完成させよう

ここまで学んだことをプログラムに反映して、タイピングゲームを完成させよう！

105ページのプログラムを修正して、[F5]で実行しよう！

```
000006
000007    FOR L=0 TO 2
000008     VAR N=RND(LEN(Q$))
000009     VAR ST=MILLISEC()          ───────→  開始時間を取得する
000010     PRINT Q$[N]
000011     PRINT "にゅうりょくせよ"
000012     LINPUT A$
000013     VAR ED=MILLISEC()          ───────→  終了時間を取得する
000014     IF Q$[N]==A$ THEN
000015      PRINT "せいかい"
000016      BEEP 70
000017     ELSE
000018      PRINT "ミス"
000019      BEEP 2
000020     ENDIF
000021     PRINT (ED-ST)/1000;"びょう"  ───────→  かかった秒数を表示する
000022     WAIT 60
000023    NEXT
```

```
なまむぎなまごめなまたまご
にゅうりょくせよ
なまむぎなまごめなまたまご
せいかい
33.084びょう
なまむぎなまごめなまたまご
にゅうりょくせよ
なまむぎなまごめなまたまご
せいかい
24.391びょう
ばすがすばくはつ
にゅうりょくせよ
ばすがすばくはつ
せいかい
16.737びょう
OK
```

 バンザーイ！　これでタイピングゲームの完成だー!!

 ここまでよくがんばったね！　せっかく作ったプログラムだから、しっかり保存しておこう

TRY!

やってみよう

プチコン4を起動してからどのくらい時間が経過したかを計り、ミリ秒を秒に直して表示するプログラムを作るよ。次の【　】にあてはまるプログラムを、（　）に書こう。

```
000001  ACLS
000002  VAR ST=【①】
000003  PRINT【②】/【③】;"びょう"
```

① (　　　　　　　　　　　)
② (　　　　　　　　　　　)
③ (　　　　　　　　　　　)

解答 ☞ 223ページ

CHALLENGE!

応用問題

ピクス

FOR 文と RND 命令を使って、九九の 1 〜 9 のいずれかの段の式と計算結果を表示するプログラムを作ってみよう

セル

九九ってことはかけ算だから「*」を使って計算するんだよね……。でも、式と計算結果はどうやって表示すればいいんだろう？

PRINT 命令で「;」（セミコロン）を使えば、変数、文字、式をつなげて書けるよ

次のプログラムの【 】にあてはまるプログラムを、（　　）の中に書こう。

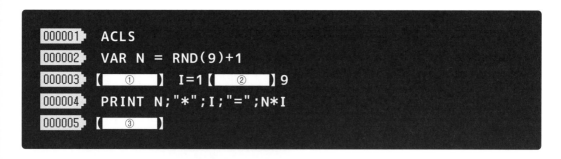

```
000001    ACLS
000002    VAR N = RND(9)+1
000003    【   ①   】 I=1【   ②   】9
000004    PRINT N;"*";I;"=";N*I
000005    【   ③   】
```

① (　　　　　　　　　　　)

② (　　　　　　　　　　　)

③ (　　　　　　　　　　　)

解答 ☞ 223ページ

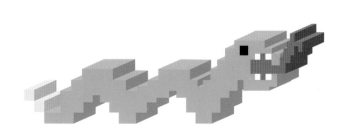

アドベンチャーゲームを作ろう

ゲームの流れを確認しよう

ピクス

次はアドベンチャーゲームを作ってみよう！

セル

どんなゲーム？

プレイヤーの選択によって、進むシーン（場面）が変わるゲームだよ。ここでは入力した数字によって、進むシーンが変わるゲームを作ろう

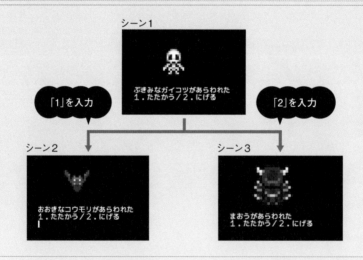

シーン1

ぶきみなガイコツがあらわれた
1．たたかう／2．にげる

「1」を入力

「2」を入力

シーン2

おおきなコウモリがあらわれた
1．たたかう／2．にげる

シーン3

まおうがあらわれた
1．たたかう／2．にげる

あ～、こういうゲーム見たことある！

それぞれのシーンは「@」で始まるラベルで区切って、シーンごとに表示したいもののプログラムを作るよ

116

@SCENE1

@SCENE2

@SCENE3

@でシーン（場面）を区切り、シーンごとに表示したいもののプログラムを作る

最後のシーンまで移動できたら、ゲームクリアとしよう

ざいほうをみつけた
OK

すご〜い！　よく見るゲームみたい！

シーンはいくつでも作れるから、あとから自由にアレンジできるよ。ストーリーも自由に考えてみてね

どんな設定にしたら楽しいかなぁ。夢が広がるね！

シーンを作ろう

ピクス

まずは1つ目のシーンを作って、それをベースに少しずつシーンを増やしていくよ

セル

わかった！　どんなストーリーにするか考えておこうっと

STEP 1	スプライトの大きさを変えよう

まずは画面にスプライトを表示させよう

SPSET命令とSPOFS命令を使うんだよね

今回はその2つの命令と合わせて、SPSCALE命令を使ってスプライトの大きさを変えてみよう。元のサイズを1として、2倍にしたければ「2」、半分にしたければ「0.5」と、元のサイズにかける数を横と縦でそれぞれ指定するよ

スプライトの大きさを
変える命令

スプライトの管理番号が
入った変数

SPSCALE　ID, 2, 2

元の横サイズにかける数　　元の縦サイズにかける数

	元のサイズ		
横の大きさ：0.5 縦の大きさ：0.5	横の大きさ：1 縦の大きさ：1	横の大きさ：2 縦の大きさ：2	横の大きさ：3 縦の大きさ：3

 大きくしすぎると文字とのバランスが悪くなっちゃうから、ここでは横と縦の大きさを「2」にしようか ▼

次のプログラムを入力して、 F5 で実行しよう！

```
000001  @SCENE1
000002  ACLS ──────→  ACLSの位置注意
000003  SPSET 1000 OUT ID
000004  SPOFS ID,30,20
000005  SPSCALE ID,2,2
```

OK

 大きいとなんか強そうに見えるね ▼

 シーンの内容（ないよう）によってスプライトの大きさを変えると、メリハリがつくよ！ ▼

TRY!

やってみよう

「SPSCALE ID, 2, 2」の数字を変えて、スプライトの大きさを変え
てみよう。

解答 ☞ 223ページ

STEP 2 | 文字を表示する位置を指定しよう

ピクス

次は画面に文字を表示させるよ

セル

PRINT命令の出番だ！

PRINT命令は使うんだけど、これまでと同じ使い方だと、文字が
画面の一番左上に表示されてしまうんだ

```
ぶきみなガイコツがあらわれた
1.たたかう／2.にげる
OK
```

ほんとだ！　ふだん遊んでいるゲームは画面の下側に文字が表示さ
れるものが多いから、ちょっと変な感じがする

文字を表示する位置は、LOCATE命令で指定できるよ

文字の表示位置を指定する命令

LOCATE 0,8

先頭の文字の横位置 ――――― 先頭の文字の縦位置

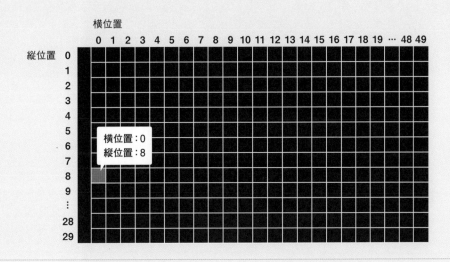

横位置

| | 0 | 1 | 2 | 3 | 4 | 5 | 6 | 7 | 8 | 9 | 10 | 11 | 12 | 13 | 14 | 15 | 16 | 17 | 18 | 19 | … | 48 | 49 |

縦位置 0 ～ 29

横位置：0
縦位置：8

設定を変更していない場合、文字のサイズは縦横それぞれ8pxで、プチコン4の画面に横50字、縦30字まで表示できるんだ。画面上に、50×30字のマス目があると考えよう。PRINT命令で表示する先頭の文字の位置を指定するときは、このマス目の数を座標として使うんだ。数字は0から数えるから、指定できる範囲は横0〜49、縦0〜29となるよ

次のプログラムを入力して、F5 で実行しよう！

```
000001  @SCENE1
000002  ACLS
000003  SPSET 1000 OUT ID
000004  SPOFS ID,30,20
000005  SPSCALE ID,2,2
000006  LOCATE 0,8
000007  PRINT "ぶきみなガイコツがあらわれた"
000008  PRINT "1.たたかう/2.にげる"
```

ぶきみなガイコツがあらわれた
１．たたかう／２．にげる
ＯＫ

セル

文字の位置を変えただけで、ゲームらしくなったね！

ピクス

これで1つ目のシーンは完成だよ。ここから少しずつシーンを足したり、プログラムを調整したりしていこう

TRY!

やってみよう

「LOCATE 0, 8」の数字を変えて、文字が表示される位置を変えてみよう。

解答 ☞ 223ページ

SECTION 3

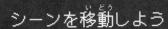

シーンを移動しよう

セル

スプライト用画像にかっこいいコウモリがあるから、次のシーンに
登場させたいな！

▼

ピクス

いいね！ 2つ目のシーンを追加して、「1」(たたかう)と入力した
らシーンが移動するようにしてみよう

▼

STEP 1 | 2つ目のシーンを作ろう

似たようなプログラムを作るから、まずは1つ目のシーンを丸ごと
コピー＆ペーストして、2つ目のシーンを作ろう。最初の行に、新
しいラベルを作るのを忘れずにね。ここからスプライトの画像や、
表示する文字を変えていくよ

▼

121ページのプログラムを修正して、 F5 で実行しよう！

```
000008  PRINT "1.たたかう/2.にげる"
000009
000010  @SCENE2
000011  ACLS
000012  SPSET 1040 OUT ID
000013  SPOFS ID,30,20
000014  SPSCALE ID,2,2
000015  LOCATE 0,8
000016  PRINT "おおきなコウモリがあらわれた"
000017  PRINT "1.たたかう/2.にげる"
```

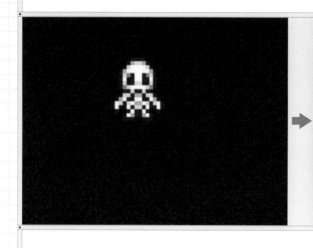
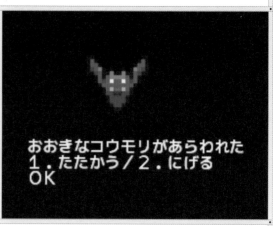

おおきなコウモリがあらわれた
１．たたかう／２．にげる
ＯＫ

まだ入力を求める命令を入れていないから、一瞬でシーン１から
シーン２に切りかわるよ

ピクス

STEP 2 文字を数字に変換しよう

シーンを移動させるプログラムを作る前準備として、LINPUT命令
で取得した内容を数字に変換する処理を作るよ

どういうこと？　キーボードで入力した数字ををそのまま使えばい
いじゃん

セル

実はLINPUT命令で入力された内容は、変数の中で自動的に「"」で
囲まれて、数字も文字としてあつかわれるんだ

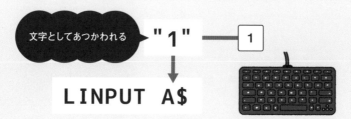

文字としてあつかわれる　" 1 " ─ 1

LINPUT A$

「文字の"1"」を「数字の1」に変換するには、VAL関数を使うよ

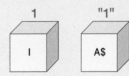

文字を数字に変換する関数　変換したい文字が入った変数

$$VAR\ I = VAL(A\$)$$

変換された数字を入れる変数

かんすう？　命令とはちがうの？

処理の結果を「＝」で変数に入れられる命令のことを関数と呼ぶんだ。基本的には命令と同じものだと思って大丈夫だよ

STEP 3 ｜ シーンを移動しよう

2つ目のシーンも作ったし、前準備もしたし、次はいよいよシーン移動のプログラムを作るよ

入力された数字でシーンを変えるってことは、IF文の出番だ！

IF文を使う方法もあるけど、数字で移動先のシーンを指定する場合は、ON〜GOTO文を使えば1行で分岐処理が作れるよ

移動先の分岐に
使う数字

変数I−1の結果が0の場合
移動するシーン

変数I−1の結果が1の場合
移動するシーン

ON I−1 GOTO @SCENE2,@SCENE1

変数Iが1の場合	変数Iが2の場合
1−1	2−1
⬇	⬇
0	1
⬇	⬇
@SCENE2へ移動	@SCENE1へ移動

セル

GOTO命令にはこんな使い方もあるんだ！

123ページのプログラムを修正して、 F5 で実行しよう！

```
000007  PRINT "ぶきみなガイコツがあらわれた"
000008  PRINT "1.たたかう/2.にげる"
000009  LINPUT A$ ──────────────────→ 入力を求める
000010  VAR I=VAL(A$) ─────→ 変数Iを作り、入力した文字を数字に変換する
000011  ON I−1 GOTO @SCENE2,@SCENE1 ─→ 「I−1」の結果でシーンを移動する
000012
000013  @SCENE2
000014  ACLS
000015  SPSET 1040 OUT ID
000016  SPOFS ID,30,20
000017  SPSCALE ID,2,2
000018  LOCATE 0,8
000019  PRINT "おおきなコウモリがあらわれた"
000020  PRINT "1.たたかう/2.にげる"
000021  LINPUT A$
000022  I=VAL(A$) ──────→ 10行目で変数Iを作っているのでVARはつけない
000023  ON I−1 GOTO @SCENE1,@SCENE2 ─→ 「I−1」の結果でシーンを移動する
```

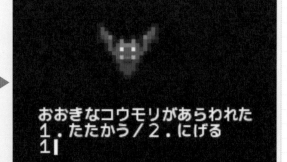

ピクス

キーボードで「1」か「2」を入力して、シーン1とシーン2が行き来できることを確認しよう

COLUMN

ON 〜 GOTO 文で 3 つ以上の分岐

ON〜GOTO文で移動先のラベルを3つ以上指定することもできます。たとえば、次のように「,」で区切って「@SCENE3」と「@SCENE4」を追加すると、I－1の結果が2のときに「@SCENE3」、3のときに「@SCENE4」に移動します。

```
000001  ON I-1 GOTO @SCENE1,@SCENE2,@SCENE3,
        @SCENE4
```

オリジナルの命令を作ろう

セル

シーンを増やすたびに何行もコピー＆ペーストするのはめんどくさいな～

ピクス

じゃあ、コピー＆ペーストする行数が少なくなるように、オリジナルの命令を作って、処理をまとめよう

え！　命令って作れるんだ

STEP 1 | ユーザー定義命令を作ろう

プチコン4のユーザー（プレイヤー）が作る命令のことを、「ユーザー定義命令」というよ。ユーザー定義命令を作るには、DEF命令を使おう。同じプログラムが実行されたあとにもどってくるようにしたいから、ユーザー定義命令は「RESET」（元にもどる）という名前にしようか

ユーザー定義命令を作る命令　　　ユーザー定義命令の名前

```
DEF  RESET
  実行したい処理
END
```

ユーザー定義命令を実行するときは、実行したい行にその命令を書こう。DEFとEND（エンド）の間に書いたプログラムが実行されたあとは、命令を書いた行までもどってくるよ

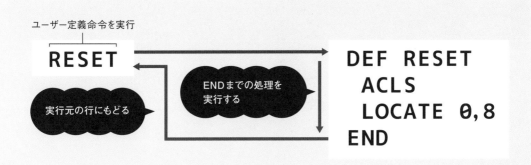

ユーザー定義命令を実行

RESET

実行元の行にもどる

ENDまでの処理を実行する

```
DEF RESET
  ACLS
  LOCATE 0,8
END
```

126ページのプログラムを修正して、F5 で実行しよう！

```
000001  @SCENE1
000002  RESET          → ユーザー定義命令のRESETを実行
000003  SPSET 1000 OUT ID
000004  SPOFS ID,30,20
000005  SPSCALE ID,2,2
000006  PRINT "ぶきみなガイコツがあらわれた"
000007  PRINT "1.たたかう/2.にげる"
000008  LINPUT A$
000009  VAR I=VAL(A$)
000010  ON I-1 GOTO @SCENE2,@SCENE1
000011
000012  @SCENE2
000013  RESET          → ユーザー定義命令のRESETを実行
000014  SPSET 1040 OUT ID
000015  SPOFS ID,30,20
000016  SPSCALE ID,2,2
000017  PRINT "おおきなコウモリがあらわれた"
000018  PRINT "1.たたかう/2.にげる"
000019  LINPUT A$
000020  I=VAL(A$)
```

次ページへ

```
000021  ON I-1 GOTO @SCENE1,@SCENE2
000022
000023  DEF RESET ──────▶ RESET命令
000024   ACLS
000025   LOCATE 0,8
000026  END
```

ピクス

実行結果は、1つ前に実行したときと同じになるはずだよ

セル

変数は前のほうに書くけど、ユーザー定義命令はうしろに書くもの
なの？

そうだよ。ユーザー定義命令は、プログラムのメイン処理のあと
にまとめて書くんだ。このプログラムの場合は、@SCENE1から
@SCENE2の処理がメイン処理だといえるね

なるほど、だから@SCENE2の処理のあとにRESETを追加したん
だね

STEP 2 | 2つ目のユーザー定義命令を作ろう

スプライトの画像や位置、大きさを指定する命令も、ユーザー定義
命令で1つにまとめられるよ

1つの命令にまとめると、スプライトの絵が全部同じにならない？

大丈夫。PRINT命令で画面に表示したい文字を指定できるように、ユーザー定義命令にも使ってほしいデータを指定することができるんだ

ユーザー定義命令 ───┐   ┌─── ユーザー定義命令で使いたいデータ（引数）

DEF SHOWSP N, X, Y, S
実行したい処理
END

命令に渡すデータのことを引数というよ。引数も変数みたいなもので、命令の中で使いたいデータに名前をつけることができるんだ

ということは、スプライトの番号や、座標の数字なんかもまとめて命令に渡せるのか

そうだよ。ユーザー定義命令SHOWSPに、スプライトの画像番号、横位置、縦位置、大きさの４つを引数で渡そう。引数も変数と同じで、プログラムでの役割が決まっているものには、役割がわかりやすい名前をつけておくと便利だよ。たとえば「スプライトの画像番号」を渡す引数には、「Number（番号）」の「N」ってつけるとかね

なるほど！　わかりやすい名前をつけておけば、あとから「これ、なんだっけ？」ってならずにすむね

ほかの引数も、横位置は「X」、縦位置は「Y」、大きさは「Size」だから「S」と名前をつけようか

```
SHOWSP 1000,30,20,2

DEF SHOWSP N,X,Y,S
  SPSET N OUT ID
  SPOFS ID,X,Y
  SPSCALE ID,S,S
END
```

N:スプライトの絵の番号
X:スプライトの横位置
Y:スプライトの縦位置
S:スプライトの大きさ

129ページのプログラムを修正して、F5 で実行しよう！

```
000001  @SCENE1
000002  RESET
000003  SHOWSP 1000,30,20,2      →  ユーザー定義命令のSHOWSPを実行
000004  PRINT "ぶきみなガイコツがあらわれた"
000005  PRINT "1.たたかう/2.にげる"
000006  LINPUT A$
000007  VAR I=VAL(A$)
000008  ON I-1 GOTO @SCENE2,@SCENE1
000009
000010  @SCENE2
000011  RESET
000012  SHOWSP 1040,30,20,2      →  ユーザー定義命令のSHOWSPを実行
000013  PRINT "おおきなコウモリがあらわれた"
000014  PRINT "1.たたかう/2.にげる"
000015  LINPUT A$
000016  I=VAL(A$)
000017  ON I-1 GOTO @SCENE1,@SCENE2
000018
000019  DEF RESET
000020   ACLS
000021   LOCATE 0,8
000022  END
```

次ページへ
▼

```
000023
000024  DEF SHOWSP N,X,Y,S  ──────▶  SHOWSP命令
000025   SPSET N OUT ID
000026   SPOFS ID,X,Y
000027   SPSCALE ID,S,S
000028  END
```

セル

ユーザー定義命令を作ったおかげで、行数がグッと減ったね

ピクス

本格的なゲームを作るには、何百、何千行ものプログラムが必要だから、ユーザー定義命令も何十個と作ることになるんだ。このあともユーザー定義命令をたくさん使うから、DEF〜ENDときたらユーザー定義命令だって覚えておいてね

TRY!

やってみよう

次のプログラムでは、ADDNUMというユーザー定義命令を作ろうとしているよ。【】にあてはまる命令を、（　　）の中に書こう。

```
000001  【 ① 】 ADDNUM X,Y
000002   PRINT "こたえは";X+Y
000003  【 ② 】
```

① (　　　　　　　　　　)

② (　　　　　　　　　　)

解答 ☞ 223ページ

エラーが発生したとき③

セル

ぐぇ〜またエラーになっちゃったよー

ピクス

まぁまぁ、気を落とさずに。いっしょにまちがっているところを探そう

```
ぶきみなガイコツがあらわれた
1.たたかう/2.にげる
1
Type mismatch in 0:7
指定できない型の値です
OK
```

```
000001  @SCENE1
000002  RESET
000003  SHOWSP 1000,30,20,2
000004  PRINT "ぶきみなガイコツがあらわれた"
000005  PRINT "1.たたかう/2.にげる"
000006  LINPUT A$
000007  ON A$-1 GOTO @SCENE2,@SCENE1    → エラーメッセージが指す行
```

「指定できない型」ってどういう意味？

文字や数字など、データの種類のことをType や型と呼ぶんだ。7行目に「A$−1」という式があるけど、「A$」にはLINPUT命令を使って入力した内容が入っているよね。124ページで説明したように、LINPUT命令で取得した内容は文字としてあつかわれるから、「"1"−1」という状態になっていて、数字として計算ができないんだ

文字としてあつかわれる

```
LINPUT A$
ON A$−1 GOTO @SCENE2,@SCENE1
```

"1"-1 ← 数字同士ではないので計算できない

計算に「指定できない型 (Type mismatch)」だから、エラーになったってことだね

そういえば、VAL関数を使うのを忘れてた！

LINPUT命令を使って入力した内容を数字として使いたいときは、VAL関数で忘れずに数字に変換しよう

ゲームを完成させよう

ピクス

シーンはいくつでも追加できるけど、ここではひとまず4つまでとして、ゲームを完成させよう

セル

うん！　早く遊べるようにしたい‼

STEP 1 ｜ シーンの流れを整理しよう

クリアできないゲームはバグと区別がつかないから、シーンのつながりを整理して、どこをゴールにするか決めよう

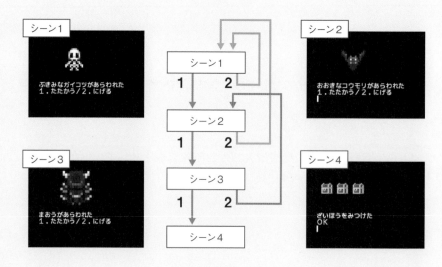

えーっと、こんな感じでゴールの前に一番強そうな敵を置いて、ゴールのシーンには宝箱を置こうかな

それならシーン4まで移動できたらゲームクリアとして、END命令でプログラムを終わらせよう

ENDって、ユーザー定義命令の終わりって意味じゃないの？

ENDはDEFと組み合わせずに使うと、プログラム全体を終わらせる命令になるんだ

132〜133ページのプログラムを修正して、 F5 で実行しよう！

```
000009
000010  @SCENE2
000011  RESET
000012  SHOWSP 1040,30,20,2
000013  PRINT "おおきなコウモリがあらわれた"
000014  PRINT "1.たたかう/2.にげる"
000015  LINPUT A$
000016  I=VAL(A$)
000017  ON I-1 GOTO @SCENE3,@SCENE1    ← 移動先を直す
000018
000019  @SCENE3                        ← 3つ目のシーンを追加
000020  RESET
000021  SHOWSP 680,25,10,3
000022  PRINT "まおうがあらわれた"
000023  PRINT "1.たたかう/2.にげる"
000024  LINPUT A$
000025  I=VAL(A$)
000026  ON I-1 GOTO @SCENE4,@SCENE2
000027
```

次ページへ

```
000028  @SCENE4                     4つ目のシーンを追加
000029  RESET
000030  SHOWSP 269,5,25,1
000031  SHOWSP 269,25,25,1          宝箱の画像を横に並べて表示
000032  SHOWSP 269,45,25,1
000033  PRINT "ざいほうをみつけた"
000034  END                         ENDでプログラムを終わらせる
000035
000036  DEF RESET
000037   ACLS
000038   LOCATE 0,8
000039  END
000040
000041  DEF SHOWSP N,X,Y,S
000042   SPSET N OUT ID
000043   SPOFS ID,X,Y
000044   SPSCALE ID,S,S
000045  END
```

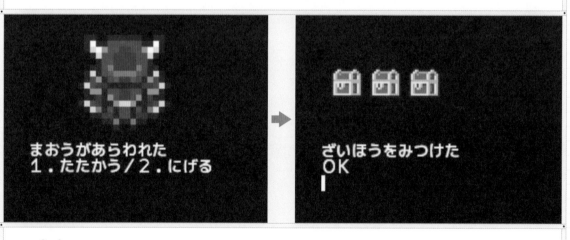

まおうがあらわれた
１．たたかう／２．にげる

➡

ざいほうをみつけた
OK

セル

クリアできたー！

ピクス

やったね！　最後に、バグがないか動作チェックをしてみよう

| STEP 2 | 想定外の入力がされたときの処理を作ろう |

あれ？ シーン1でまちがえて「3」を入力したら、そのままシーン2に移動できちゃった

そういえば、想定外の数字が入力されたときの処理を作っていなかったね。シーン1で「1」が入力されるとシーン2に移動して、「2」が入力されると移動しないはずだけど……

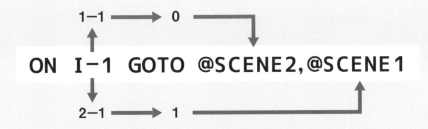

「1」「2」以外が入力された場合、対応する移動先の指定がないから、GOTO命令が実行されずにそのまま次の行に処理が進んでしまうんだ

```
3-1 ─→ 2 ──────────────────┐
                            ↓
ON I-1 GOTO @SCENE2,@SCENE1  ✕

@SCENE2
RESET
SHOWSP 1040,30,20,2
⋮
```

だからそのまま次のシーンに移動しちゃったのか。「1」「2」以外が入力されても移動しないようにしたいなぁ

セル

じゃあ「1」「2」以外が入力されたらゲームオーバーになるようにしようか。それぞれのシーンのプログラムの最後に、「GAME OVER」と表示して、プログラムを終了する命令を追加しよう

ピクス

「:」(コロン)で命令をつなげる

```
PRINT "GAME OVER":END
```

「:」(コロン)を使えば、複数の命令を1行につなげて入力できるよ

そうなんだ！　いちいち行を分けなくていいんだね

137～138ページのプログラムを修正して、 F5 で実行しよう！

```
000006  ON I-1 GOTO @SCENE2,@SCENE1
000007  PRINT "GAME OVER":END          ← 命令を追加
000008
000009  @SCENE2
000010  RESET
000011  SHOWSP 1040,30,20,2
000012  PRINT "おおきなコウモリがあらわれた"
000013  PRINT "1.たたかう/2.にげる"
000014  LINPUT A$
000015  I=VAL(A$)
000016  ON I-1 GOTO @SCENE3,@SCENE1
000017  PRINT "GAME OVER":END          ← 命令を追加
000018
000019  @SCENE3
000020  RESET
000021  SHOWSP 680,25,10,3
000022  PRINT "まおうがあらわれた"
000023  PRINT "1.たたかう/2.にげる"
000024  LINPUT A$
000025  I=VAL(A$)
000026  ON I-1 GOTO @SCENE4,@SCENE2
000027  PRINT "GAME OVER":END          ← 命令を追加
000028
000029  @SCENE4
000030  RESET
000031  SHOWSP 269,5,25,1
000032  SHOWSP 269,25,25,1
000033  SHOWSP 269,45,25,1
000034  PRINT "ざいほうをみつけた":END     ← 命令を修正
000035                                 ← END命令のみの行は消す
000036  DEF RESET
000037    ACLS
000038    LOCATE 0,8
000039  END
000040
```

ぶきみなガイコツがあらわれた
1．たたかう／2．にげる
3
GAME OVER
OK

セル

よーし！ これでバグもなくなったぞ！ 完成だ～～

ピクス

おつかれさま！ ここから先は、自由にシーンをアレンジしてみて
ね

CHALLENGE!

応用問題

ピクス

ここまで学んだことをおさらいするよ。サイコロの絵を使って、どの目が出るかを当てるゲームを作ろう

▼

セル

「どの目が出るか」だから、RND 命令で乱数を作って、入力は LINPUT 命令、合っているかの判定で IF 文を使う、かなぁ？

▼

それだけじゃまだ足りないよ。1〜4章で学んだことを思い出してね

▼

次のプログラムの 【　】にあてはまる命令を、（　　）の中に書こう。

```
000001    @LOOP
000002    ACLS
000003    FOR I=0 TO 5          ──▶ くり返し処理でサイコロのスプライトを6個表示
000004      SPSET 281+I OUT ID
000005      SPOFS ID,5+(20*I),30
000006    NEXT
000007    【    ①    】 0,8      ──▶ 文字の表示位置を変える
000008    PRINT "サイコロのどのめがでるかをあてよう"
000009    PRINT "1 から 6 をにゅうりょくしてね"
000010    S=RND(5)              ──▶ サイコロの目を決める(0〜5の範囲で指定)
000011    LINPUT A$
000012    N=【    ②    】(A$)-1  ──▶ 入力した内容を数字にして、1引く
000013    SPCLR                 ──▶ 表示しているスプライトをすべて消す命令
000014    IF S==N THEN
000015      PRINT "せいかい"
000016    ELSE
```

次ページへ
▼

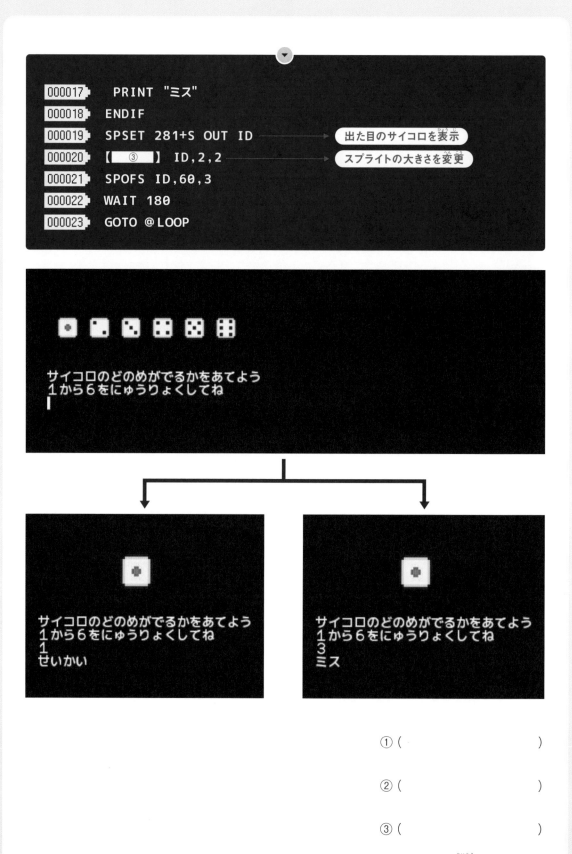

```
000017   PRINT "ミズ"
000018   ENDIF
000019   SPSET 281+S OUT ID      ───▶  出た目のサイコロを表示
000020   【     ③     】 ID,2,2   ───▶  スプライトの大きさを変更
000021   SPOFS ID,60,3
000022   WAIT 180
000023   GOTO @LOOP
```

サイコロのどのめがでるかをあてよう
1から6をにゅうりょくしてね

サイコロのどのめがでるかをあてよう
1から6をにゅうりょくしてね
1
せいかい

サイコロのどのめがでるかをあてよう
1から6をにゅうりょくしてね
3
ミス

① (   )

② (   )

③ (   )

解答 ☞ 223ページ

PROGRAMMING
LESSONS
WITH THE NINTENDO SWITCH

CHAPTER

5

LEVEL

いん石落下
ゲームを作ろう

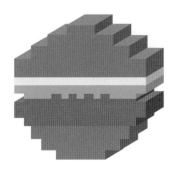

SECTION 1

PROGRAMMING
LESSONS
WITH THE NINTENDO SWITCH

リアルタイム処理でスプライトを動かしてみよう

セル

次はスティックとボタンで操作できるゲームを作りたいな

ピクス

つまり、リアルタイム処理のゲームということだね！

リアルタイム処理？

STEP 1 | リアルタイム処理の仕組みを知ろう

　2章でも体験したように、なにも工夫しないと、コンピュータはものすごい速さでプログラムを処理してしまう。そこで、人間の時間（リアルタイム）に合わせた速さでプログラムが動くようにすることを、リアルタイム処理というんだ。ゲームの場合は、60分の1秒間隔で少しずつゲームのキャラを動かすことで、リアルタイム処理を実現するよ

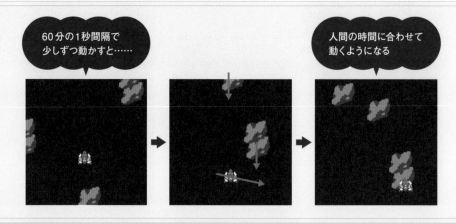

60分の1秒間隔で少しずつ動かすと……

人間の時間に合わせて動くようになる

60分の1秒！　そんなに短い間隔で動かすんだ

間隔が空きすぎると、動いて見えないからね。それでは、リアルタイム処理の基本的（きほんてき）なプログラムの書き方を見てみよう

メインループ

LOOP ── ENDLOOPまでの間を無限（むげん）にくり返すLOOP文

ゲームキャラを少し動かす処理

VSYNC ── 1ループが60分の1秒になるよう調整するVSYNC命令

ENDLOOP

LOOPはくり返しを作る文の一種で、VSYNCはくり返し処理の間隔が60分の1秒になるようにする命令だよ。リアルタイム処理の中心となるくり返し処理のことを「メインループ」といって、リアルタイム処理のゲームでは、メインループの中で少しずつプログラムを進めるんだ

メインループはGOTO文を使って書いちゃだめなの？

GOTO文でも同じことはできるんだけど、GOTO文はくり返し以外にも使えるよね。LOOP文は無限にくり返すときしか使わないから、「ここがメインループ」ということがわかりやすくなるんだ

LOOP文があったら、そこがメインループなんだね！

STEP 2 | スティックのかたむきを調べよう

ピクス

今回はリアルタイム処理入門ということで、プレイヤーキャラをスティックで動かして、上から落ちてくるいん石をよけるゲームを作るよ。まずはNintendo Switchのスティックのかたむきを調べるところからだ

セル

スティックを上下左右にかたむけたら、その方向にプレイヤーキャラが動くようにするんだね

スティックの状態はSTICK命令で調べられるよ

STICK命令で調べる
コントローラID

X方向の
状態が入る変数

Y方向の
状態が入る変数

STICK 0,0 OUT STX,STY

STICK命令で調べるスティックID

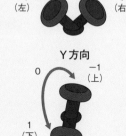

X方向
0
−1
（左）
1
（右）

Y方向
0
−1
（上）
1
（下）

STICK命令で調べるコントローラやスティックを指定する番号のことを、コントローラID、スティックIDというよ。コントローラIDを使えば、複数のコントローラがつながっているときに調べるコントローラを指定することができるんだけど、0にしておけばすべてのコントローラが調べる対象になるから、ここでも0としておこう。スティックIDは、0がLスティック、1がRスティックを表すんだ。でも、調べるのがLスティックだけなら省略してもOKだよ

次のプログラムを入力して、 F5 で実行し、Lスティックを動かしてみよう！

```
000001  ACLS
000002
000003  LOOP
000004   VAR STX,STY
000005   STICK 0,0 OUT STX,STY ──→ Lスティックのかたむきを変数STX、STYに入れる
000006   PRINT STX,STY ──────→ 数字を表示
000007
000008   VSYNC
000009  ENDLOOP
```

```
 0.91146582   -0.41132846
0           -0
0           -0
0           -0
0           -0
-0.71828365  0.04190191
-0.99896234  0.04544206
-0.99572742  0.09204382
-0.99435407  0.10589923
-0.99429303  0.10641804
-0.99533069  0.09628589
-0.99542224  0.09537034
-0.99542224  0.09549242
-0.99530017  0.09665212
-0.99511701  0.09863582
-0.99511701  0.09863582
-0.99765009  0.06814783
```

スティックを動かすと画面の数字が変わる！　STICK命令が返す
数字をそのままPRINT命令で表示しているんだね

そう、大きくかたむけると−1や1に近い数字になり、少しだけか
たむけると0に近い数字になるのがわかるかな

ほんとだ！　X方向もY方向も、0からどのくらい−1や1に近づい
たかでスティックのかたむきや方向を測っているんだね

STEP 3 | スティックに合わせてキャラを動かそう

ピクス

STICK命令が返す数字をスプライトの座標に足して位置を指定すれば、スティックの動きに合わせてスプライトが動かせるよ

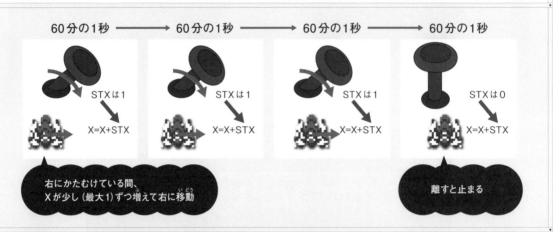

60分の1秒 → 60分の1秒 → 60分の1秒 → 60分の1秒

STXは1　X=X+STX　　STXは1　X=X+STX　　STXは1　X=X+STX　　STXは0　X=X+STX

右にかたむけている間、Xが少し（最大1）ずつ増えて右に移動

離すと止まる

セル

指定した座標にスプライトを動かすときは、SPOFS命令を使うんだよね

そうだね。実はSPOFS命令を使えば、スプライトの現在の座標を調べることができるんだ。現在のスプライトの座標を調べて変数に入れて、それにSTICK命令が返す数字を足して座標を指定し直せば、スプライトを少しずつ動かすことができるんだ

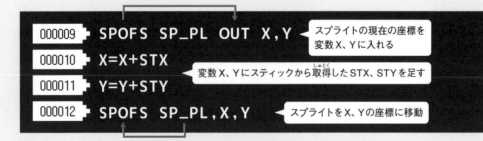

```
000009   SPOFS SP_PL OUT X,Y
000010   X=X+STX
000011   Y=Y+STY
000012   SPOFS SP_PL,X,Y
```

スプライトの現在の座標を変数X、Yに入れる

変数X、Yにスティックから取得したSTX、STYを足す

スプライトをX、Yの座標に移動

次のプログラムを入力して、F5 で実行し、Lスティックを動かしてみよう！

```
000001  ACLS
000002  VAR SP_PL  →  プレイヤーキャラのスプライト管理番号を入れる変数SP_PLを用意
000003  SPSET 7529 OUT SP_PL →  7529番の絵でスプライトを作成。管理番号をSP_PLに入れる
000004
000005  LOOP
000006   VAR STX,STY
000007   STICK 0 OUT STX,STY
000008   VAR X,Y
000009   SPOFS SP_PL OUT X,Y  →  スプライトの現在の座標を変数X、Yに入れる
000010   X=X+STX  →  変数Xに変数STXを足す
000011   Y=Y+STY  →  変数Yに変数STYを足す
000012   SPOFS SP_PL,X,Y  →  スプライトを座標X,Yに移動
000013
000014   VSYNC
000015  ENDLOOP
```

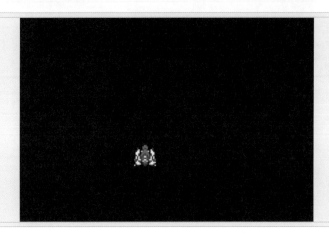

 Lスティックに合わせて宇宙船が動くようになった！　あれ？　でも、スタート位置が画面の中心からちょっとずれてるなぁ……

 そうだね、調整しよう。SPSET命令でスプライトを作ったあと、SPOFS命令で置きたい位置を座標で指定すればOKだよ

SECTION 1

セル

うーん、それに、もうちょっと早く動かせないかなぁ？

ピクス

STICK命令が返す数字は−1〜1の間だから、それを2倍や3倍にすればもっと速く動くようになるよ

151ページのプログラムを修正して、F5 で実行し、Lスティックを動かしてみよう！

```
000001  ACLS
000002  VAR SP_PL
000003  SPSET 7529 OUT SP_PL
000004  SPOFS SP_PL,200,180        →  プレイヤーキャラを画面下中央あたりに配置
000005
000006  LOOP
000007   VAR STX,STY
000008   STICK 0 OUT STX,STY
000009   VAR X,Y
000010   VAR SPD=4                 →  変数SPDを用意して4を入れる
000011   SPOFS SP_PL OUT X,Y
000012   X=X+STX*SPD               →  STXにSPDをかける
000013   Y=Y+STY*SPD               →  STYにSPDをかける
000014   IF X<8 THEN X=8           →  Xが8より小さくならないよう調整
000015   IF X>392 THEN X=392       →  Xが392より大きくならないよう調整
000016   IF Y<8 THEN Y=8           →  Yが8より小さくならないよう調整
000017   IF Y>232 THEN Y=232       →  Yが232より大きくならないよう調整
000018   SPOFS SP_PL,X,Y
000019
000020   VSYNC
000021  ENDLOOP
```

SPDに4を入れたことで、4倍の速さで動くようになったんだね。イイ感じ！

152

満足してもらえてよかった。ちなみに15〜18行目からのIF文は、プレイヤーキャラが画面からはみ出さないようにするための処理だよ

そっか。なにもしないと、スプライトが画面の外まで行っちゃうもんね

7529番の宇宙船の画像サイズは16×16pxだから、Xを8〜392、Yを8〜232の範囲に制限すれば、画面内に収められるんだ

どのサイズの画像を使うかによって、設定する範囲を変えないといけないんだね

そういうこと。プレイヤーキャラを自分の好きなものに変えたいときは、使うスプライト画像のサイズをしっかり確認して、スプライトの動く範囲を設定しよう

TRY!
やってみよう

今のプログラムでは、キャラクターを上下左右に動かせるよ。左右にだけ動くようにするにはどうすればいいか考えて、プログラムを修正してみよう。

解答 ☞ 223ページ

SECTION 2

エラーが発生したとき④

セル

あれ？ 教えてもらったとおりにプログラムを入力したのに、プレーヤーキャラが画面の右から動かなくなっちゃった！

ピクス

どれどれ……。あ、「>」（大なり）と「<」（小なり）をまちがえているよ

```
000015    IF X<8 THEN X=8
000016    IF X<392 THEN X=392  ──→  >と<をまちがえている
000017    IF Y<8 THEN Y=8
000018    IF Y>232 THEN Y=232
```

ほんとだ！ これだけで動かなくなっちゃうんだ

「IF X>392 THEN X=392」は「Xが392より大きかったらXを392にする」という意味だから、Xが392より大きくならないよう制限しているわけだよね。「IF X<392 THEN X=392」だと「Xが392より小さかったらXを392にする」だから、Xが392より小さくならないように制限することになってしまう

そっか、Xが392より小さくならないから、プレーヤーキャラは画面の右から動かなくなっちゃうんだ

「<」と「>」、XとYはまちがえやすいから注意しよう。たとえば次のプログラムではYが全部Xになっているから、上下の移動が制限されなくなるよ

```
000015   IF X<8 THEN X=8
000016   IF X<392 THEN X=392        → XとYをまちがえている
000017   IF X<8 THEN X=8            → XとYをまちがえている
000018   IF X>232 THEN X=232        → XとYをまちがえている
```

あー、これはまちがえそう！

「＋」と「－」をまちがえるのもよくあるね

```
000013   X=X-STX*SPD    → ＋と－をまちがえている
000014   Y=Y-STY*SPD    → ＋と－をまちがえている
```

これだと、ゲームのキャラがスティックのかたむきと逆に動いちゃうね

XとYが合っていても、STXとSTYをまちがえることもよくあるよ

```
000013   X=X+STX*SPD
000014   Y=Y+STX*SPD    → STYとSTXをまちがえている
```

この場合、どういう動きになるの？

XとYの両方にSTXを足しているから、スティックを左右にかたむけると、キャラがななめに動いてしまうよ。プログラムそのものは動くから、この手のエラーは原因（げんいん）を探（さが）すのが大変なんだ。どういうミスがありがちなのかを知って、あらかじめ用心しておこう

SECTION 3

いん石を落とそう

ピクス

> プレイヤーキャラが動くだけじゃゲームとはいえないよね。画面に「いん石」を落として、当たったらゲームオーバーになるようにしよう！

セル

> こわっ！　でもそのほうがゲームらしくなるね

STEP 1 | いん石を1つ落とそう

> いん石を落とすにはどうしたらいいの？

> 動かし方の基本はプレイヤーキャラと同じだよ。最初は上に出現させて、少しずつ下に移動させるんだ。横位置はRND命令でランダムに決めて、画面外に出たらまた上から出現させよう

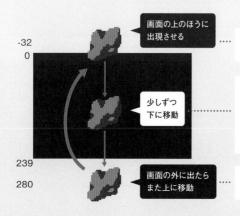

画面の上のほうに出現させる

```
SPOFS SP_MT,RND(400),-32
```

少しずつ下に移動

```
SPOFS SP_MT OUT MX,MY
MY=MY+3
SPOFS SP_MT,MX,MY
```

画面の外に出たらまた上に移動

```
SPOFS SP_MT,RND(400),-32
```

-32
0

239
280

1つのいん石が何度も上から下に落ちてくるんだね

152ページのプログラムを修正して、[F5] で実行しよう！

```
000001  ACLS
000002  VAR SP_PL
000003  SPSET 7529 OUT SP_PL
000004  SPOFS SP_PL,200,180
000005  VAR SP_MT ─────→ いん石のスプライト管理番号を入れる変数SP_MTを用意
000006  SPSET 7510 OUT SP_MT─→ 7510番の絵でスプライトを作成。管理番号をSP_MTに入れる
000007  SPOFS SP_MT,RND(400),-32 ─→ ランダムに決めたX座標にいん石を配置
000008
000009  LOOP
000010   VAR STX,STY
000011   STICK 0 OUT STX,STY
000012   VAR X,Y
000013   VAR SPD=4
000014   SPOFS SP_PL OUT X,Y
000015   X=X+STX*SPD
000016   Y=Y+STY*SPD
000017   IF X<8 THEN X=8
000018   IF X>392 THEN X=392
000019   IF Y<8 THEN Y=8
000020   IF Y>232 THEN Y=232
000021   SPOFS SP_PL,X,Y
000022
000023   SPOFS SP_MT OUT MX,MY─→ いん石のスプライトの座標を変数MX、MYに入れる
000024   MY=MY+3 ──────────────→ MYに3を足す
000025   SPOFS SP_MT,MX,MY ────→ いん石のスプライトに座標を設定
000026   IF MY>280 THEN ──────→ MYが280をこえたら
000027    SPOFS SP_MT,RND(400),-32 ─→ 画面の上に移動
000028   ENDIF
000029
000030   VSYNC
000031  ENDLOOP
```

セル

あえてスプライトを画面の外に出すことで、新しいいん石がどんどん落ちてくるように見せるんだね

ピクス

そう、マイナスの値を指定すると、画面より上や左に移動するよ。今回、いん石が出現する位置を－32、画面外に出たと判定する位置を280にしているのは、そのほうが自然に見えるからなんだ。画面の高さは0〜239だけど、0の位置で出現させたり239の位置で消したりすると、いん石が画面の上に出現したり、下で消えたりするところが見えてしまうよね

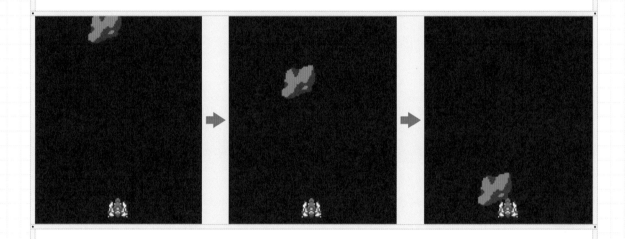

| STEP 2 | いん石との当たり判定をする |

あれ？　いん石と当たってもなにも起きないな……

スプライト同士がぶつかったかどうかを判定するには、「当たり判定」のプログラムを作らないといけないんだ。当たり判定には、「判定エリア」を設定するSPCOL命令と、判定を実行するSPHITSP命令を使うよ

判定エリアを
設定①

SPCOL SP

スプライトの
管理番号が入った変数

省略時はスプライト画像の
大きさがそのまま判定エリアになる

始点（−12,−12）
中心位置(0,0)
高さ20
幅24

判定エリアを
設定②

始点X　始点Y　幅　高さ

SPCOL SP,−12,−12,24,20

当たり判定を
実行

スプライトの管理番号が入った変数

SPHITSP（SP）

ほかのスプライトと当たっ
ていたら、その管理番号
(0以上の数字)を返す。
−1なら当たっていない

当たった！

判定エリア同士が重なって、はじめて「当たった」と判断されるん
だね

当たり判定で特に重要なのは、判定エリアの設定なんだ。判定エリ
アがおかしいと、ゲームを遊んだ人から「当たってないのにゲーム
オーバーになる！　ズルだ！」といわれてしまうよ

えっ！　そんなこといわれたくないよ！　どう設定したらいいのか
コツを教えて！

実際にプログラムを動かしながら納得いくまで調整するしかないん
だけど、あえてコツをいうなら、このいん石みたいに大きくて絵の
形が四角くないときは、判定エリアを絵よりも小さくすることか
な。判定エリアはスプライトの絵の中央を (0,0) として、判定エ
リアの始点の位置と幅と高さを指定するんだ

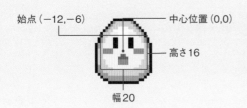

ピクス

正解はないから、いろいろと位置や大きさの数字を変えて、納得できる判定エリアを探してみよう ▼

セル

わかった。ちょっとむずかしいけど試してみるよ ▼

157ページのプログラムを修正して、[F5]で実行しよう！

```
000001  ACLS
000002  VAR SP_PL
000003  SPSET 7529 OUT SP_PL
000004  SPOFS SP_PL,200,180
000005  SPCOL SP_PL ──────────→  プレイヤーキャラに判定エリアを設定
000006  VAR SP_MT
000007  SPSET 7510 OUT SP_MT
000008  SPOFS SP_MT,RND(400),-32
000009  SPCOL SP_MT,-12,-12,24,20 ──→  いん石に判定エリアを設定
000010
000011  LOOP
000012   VAR STX,STY
000013   STICK 0 OUT STX,STY
000014   VAR X,Y
000015   VAR SPD=4
000016   SPOFS SP_PL OUT X,Y
000017   X=X+STX*SPD
000018   Y=Y+STY*SPD
000019   IF X<8 THEN X=8
```

次ページへ ▼

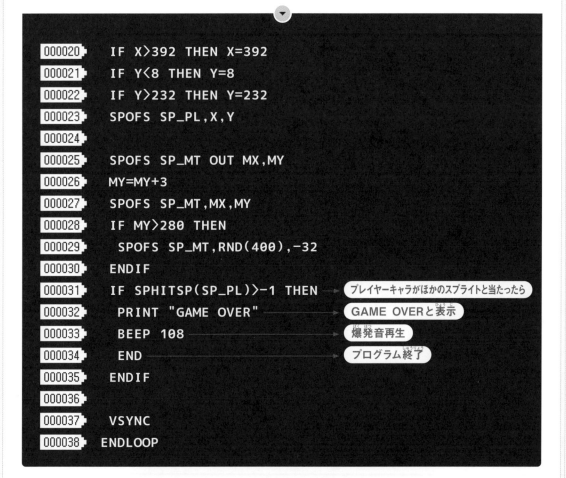

```
000020  IF X>392 THEN X=392
000021  IF Y<8 THEN Y=8
000022  IF Y>232 THEN Y=232
000023  SPOFS SP_PL,X,Y
000024
000025  SPOFS SP_MT OUT MX,MY
000026  MY=MY+3
000027  SPOFS SP_MT,MX,MY
000028  IF MY>280 THEN
000029    SPOFS SP_MT,RND(400),-32
000030  ENDIF
000031  IF SPHITSP(SP_PL)>-1 THEN ────→ プレイヤーキャラがほかのスプライトと当たったら
000032    PRINT "GAME OVER" ──────── GAME OVERと表示
000033    BEEP 108 ──────────── 爆発音再生
000034    END ──────────────── プログラム終了
000035  ENDIF
000036
000037  VSYNC
000038  ENDLOOP
```

TRY!

やってみよう

9行目を「SPCOL SP_MT」だけにして、いん石の判定エリアをスプライトの画像の大きさにするとどうなるか、確認してみよう。

解答 ☞ 224ページ

いん石をたくさん落とそう

セル

一度に落ちてくるいん石が1つだと、かんたんによけられちゃうね ▼

ピクス

じゃあ、いん石の数をもっと増やしてみよう ▼

STEP 1 | いん石を増やす方法を考えよう

どうすればいん石を増やせるの？ ▼

前に説明した配列でいん石の情報を管理して、FOR文でいん石を
落とすプログラムをくり返せばいいんだ ▼

配列SP_MT[いん石の数]

    ……

```
FOR I=0 TO いん石の数 -1
 SPSET 7510 OUT SP_MT[I]
 .....
NEXT
```

いん石の数だけくり返す

なるほどー。ちょっと書きかえるだけでよさそうだね ▼

そうだね。加えて、CONST文を使っていん石の数を「定数」に入れておこう

定数を作る命令　　#で始まる定数名　　値

CONST　#MAX_MT=15

定数？　変数とはちがうの？

使い方は変数と同じだけど、定数はプログラムの実行中に中のデータを変えることができないんだ。たとえば最初に15を入れたら、プログラムが終わるまでずっと15のままだよ

じゃあ、ふつうに15って書けばいいんじゃない？

それだと、あとでいん石の数を増やしたり減らしたりしたくなったとき、プログラムの中のすべての「15」を探して直さないといけないよね。いん石の数を定数にしておけば、CONST文の1か所を直すだけですむんだ。変数と見分けやすいように、定数名には最初に#をつけるよ

STEP 2　｜　FOR文と配列でいん石を増やす

それじゃやってみよう！　いん石のスプライト管理番号を入れる変数を配列にして、いん石の処理をFOR文の中に入れるんだ

160～161ページのプログラムを修正して、F5で実行しよう！

```
000001  ACLS
000002  VAR SP_PL
000003  SPSET 7529 OUT SP_PL
000004  SPOFS SP_PL,200,180
000005  SPCOL SP_PL
000006  CONST #MAX_MT=15
000007  DIM SP_MT[#MAX_MT]
000008  FOR I=0 TO #MAX_MT-1
000009    SPSET 7510 OUT SP_MT[I]
000010    SPOFS SP_MT[I],RND(400),I*-60
000011    SPCOL SP_MT[I],-12,-12,24,20
000012  NEXT
000013
000014  LOOP
000015    VAR STX,STY
000016    STICK 0 OUT STX,STY
000017    VAR X,Y
000018    VAR SPD=4
000019    SPOFS SP_PL OUT X,Y
000020    X=X+STX*SPD
000021    Y=Y+STY*SPD
000022    IF X<8 THEN X=8
000023    IF X>392 THEN X=392
000024    IF Y<8 THEN Y=8
000025    IF Y>232 THEN Y=232
000026    SPOFS SP_PL,X,Y
000027
000028    FOR I=0 TO #MAX_MT-1
000029      SPOFS SP_MT[I] OUT MX,MY
000030      MY=MY+3
000031      SPOFS SP_MT[I],MX,MY
000032      IF MY>280 THEN
000033        SPOFS SP_MT[I],RND(400),-32
000034      ENDIF
```

- CONST #MAX_MT=15 → いん石の数を決めて定数#MAX_MTに入れる
- DIM SP_MT[#MAX_MT] → いん石の配列を作る
- FOR I=0 TO #MAX_MT-1 → いん石の数だけFOR文でくり返す
- SPSET 7510 OUT SP_MT[I] → いん石のスプライト管理番号を配列に入れる
- SPOFS SP_MT[I],RND(400),I*-60 → 配列内のいん石の座標を設定する
- SPCOL SP_MT[I],-12,-12,24,20 → 配列内のいん石の判定エリアを設定する
- FOR I=0 TO #MAX_MT-1 → FOR文でいん石の数だけくり返す
- SPOFS SP_MT[I] OUT MX,MY → 配列内のいん石の座標を変数MX,MYに入れる
- SPOFS SP_MT[I],MX,MY → 配列内のいん石の座標を設定する
- SPOFS SP_MT[I],RND(400),-32 → 配列内のいん石を画面の上に移動

次ページへ ▼

```
000035    NEXT
000036    IF SPHITSP(SP_PL)>-1 THEN
000037     PRINT "GAME OVER"
000038     BEEP 108
000039     END
000040    ENDIF
000041
000042    VSYNC
000043   ENDLOOP
```

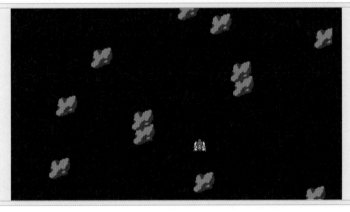

ピクス

いん石が出現する位置は前は－32だったけど、それだと複数のいん石が並んで落ちてきてしまうから、I＊－60にして少しずつ縦位置がずれるようにしたよ

セル

わわっ、いん石の数が増えて一気にむずかしくなった！

TRY!

やってみよう

いん石の数を増やしたり減らしたりして、好きな難易度に調整してみよう。

解答 ☞ 224ページ

CHALLENGE!

応用問題

ピクス

> プログラムに 1 行付け足して、いん石がななめに降ってくるよう
> にしてみよう。Y 方向には 3 ずつ動かしているから、X 方向には 1
> ずつ動かすようにしてみようか

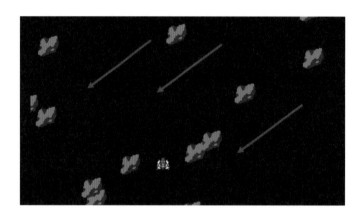

プログラムに 1 行追加して、いん石がななめに降ってくるようにしよう。

```
000029    FOR I=0 TO #MAX_MT-1
000030     SPOFS SP_MT[I] OUT MX,MY
000031     MY=MY+3
000032    【  ここに追加  】
000033     SPOFS SP_MT[I],MX,MY
000034     IF MY>280 THEN
000035      SPOFS SP_MT[I],RND(400),-32
000036     ENDIF
000037    NEXT
```

解答 ☞ 224ページ

PROGRAMMING
LESSONS
WITH THE NINTENDO SWITCH

CHAPTER

6

LEVEL

縦スクロールシューティングを作ろう

サンプルプログラムをダウンロードしよう

ピクス

> ここからサンプルプログラムを使うよ。あらかじめプログラムをダ
> ウンロードしておこう ▼

① プチコン4のトップメニュー画面で［作品を見る］を選択

② ← もしくは → で［公開キー］を選択

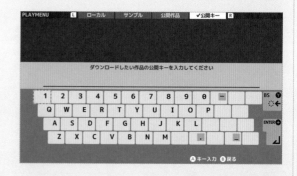

③ ［公開キー］を入力して、Enter をおす

・縦スクロールシューティング（170ページ）…4BKQ4H3J4

・2マッチパズルゲーム（198ページ）…4DKKX2N3E

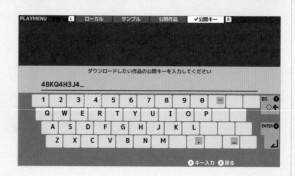

④ ダウンロード先を選び、[Enter] キーをお
す（ここでは［ワークスペース］を選択）

⑤ [→] キーで［はい］を選び、[Enter] キー
をおす

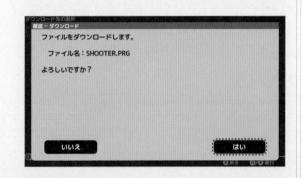

⑥ ダウンロードが終わったら [Enter] キーを
おす。ダウンロードしたプログラムは、
47 ページの方法で開くことができる

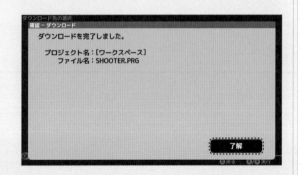

本書であつかうダウンロードプログラムの全文は、下記 URL から確認す
ることができます。

縦スクロールシューティング（170ページ）

https://sup4.smilebasic.com/lib/exe/fetch.php?media=
kumonpublishing_4bkq4h3j4_shooter.pdf

2マッチパズルゲーム（198ページ）

https://sup4.smilebasic.com/lib/exe/fetch.php?media=
kumonpublishing_4dkkx2n3e_2match.pdf

ゲームの流れを確認しよう

ピクス

ここからは、ダウンロードしたサンプルゲームのアレンジに挑戦しよう！ まずは「縦スクロールシューティング」。「SHOOTER.PRG」というファイルを使うよ。プログラムの行数は、なんと1500行オーバー！

セル

1500!? 理解できるかな……。ところで、縦スクロールシューティングってどんなゲーム？

プログラムを実行してみればすぐにわかるよ！

① タイトル画面で Nintendo Switch の A ボタンをおしてスタート

② L スティックを動かして敵の弾をよけながら、A ボタンで弾を発射して敵を攻撃する。敵の弾に当たったらゲームオーバー

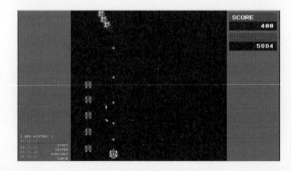

③ 3種類の敵キャラが出現する

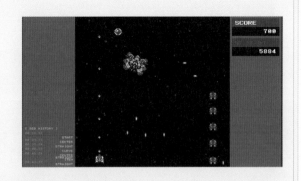

④ アイテムを取るとプレイヤーキャラがパ
ワーアップし、発射できる弾の数が増え
る

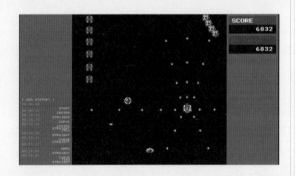

⑤ 最後に登場するボスは大量の弾（弾幕）
を撃ってくる。弾を当て続けてボスをたお
したらクリア

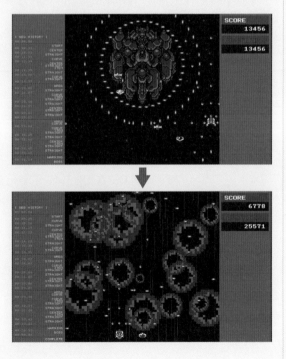

プログラムの流れを確認しよう

STEP 1 | 「ユーザー定義命令」の使い方を確認しよう

ピクス

> プログラムが長いので、「どの行でなにをしているか」を整理して
> みたよ。全体の地図や目次みたいなものだね ▼

〜 160 行	変数や定数の初期化
170 行〜	メインループ（FLOW_MAIN の呼び出しとスプライト関数の実行）
185 行〜	FLOW_MAIN（タイトル画面、ゲーム本編、ゲームオーバーの切りかえ）
213 行〜	GAME_MAIN、GAME_INIT（ゲーム本編の処理と初期化）
264 行〜	ENEMY_INIT（出現マップからデータを読みこみ、配列にプッシュ）
287 行〜	ENEMYMAIN（配列のデータを見て敵キャラの出現処理 ENE ○○ _INIT を呼び出す）
324 行〜	敵タイプ STRAIGHT（まっすぐに進む敵）の処理（ENE_STRAIGHT_INIT、FUNC_ENE_STRAIGHT）
370 行〜	敵タイプ CURVE（曲がりながら飛ぶ敵）の処理（ENE_CURVE_INIT、FUNC_ENE_CURVE）
396 行〜	敵タイプ CENTER（プレイヤーを追ってくる敵)の処理（ENE_CENTER_INIT、FUNC_ENE_CENTER）
444 行〜	ボスの処理（ENE_BOSS_INIT、FUNC_ENE_BOSS）
500 行〜	敵の弾の処理（ESHOT_SET、FUNC_ESHOT）
535 行〜	アイテム処理（ENE_ITEM_INIT、ITEM_SET、FUNC_ITEM）
616 行〜	プレイヤー処理（PLAYER_INIT、PLAYER_MAIN）
677 行〜	プレイヤーの弾の処理
755 行〜	画面パネルの構築、背景の星の処理、スコア処理
950 行〜	はん用命令（いろいろなところで使う命令）
1268 行〜	タイトル画面（TITLE_MAIN）など
1500 行〜	出現マップのデータ

セル

これを見ても、全然わからないよ……

そういうときは「コメント文」と「ユーザー定義命令」に注目しよう！　ゲームプログラムのように、たくさんの人が協力して1つの長いプログラムを作るときは、プログラムをわかりやすくする工夫がされているんだ。コメント文はプログラムの中に書いてある説明文のことで、これを見ればどの行でなにをするかがわかるよ。「ユーザー定義命令」は前の章で説明したとおり、ユーザーが自分で作る命令だよ

```
000640    '_____
000641    ' プレイヤーの制御
000642    '_____
000643    DEF PLAYER_MAIN
000644    '---
000645    VAR SP=#SP_PLAYER
000646    '--- 死んでいる時はこれ以上処理しない
000647    VAR HP=SPVAR(SP,"HP")
000648    IF HP<=0 THEN RETURN
          …… 中略 ……
```

先頭が「'」であればコメント文

DEF ～ ENDの間がユーザー定義命令

コメント文があるとたしかにわかりやすいけど、ユーザー定義命令でわかりやすくなるってどういうこと？

ユーザー定義命令には、「GAME_MAIN」や「PLAYER_MAIN」のように、「その命令でなにをしているか」が予想しやすい名前をつけることが多いんだ

なるほど。名前でプログラムの内容をわかりやすくしているんだね

ピクス

> そういうこと。168行目から始まる、ゲームの中心部分を見てみ
> よう。リアルタイムのゲームだから、60分の1秒ごとにくり返す
> メインループがあって、その中でFLOW_MAINというユーザー定
> 義命令が実行されているよ ▼

```
000168  '----------------------------------------
000169  '  メインループ
000170  '----------------------------------------
000171  LOOP                                        メインループのLOOP文
000172      FLOW_MAIN                               FLOW_MAIN命令を実行
000173  '   SPSCAN 1
000174      CALL SPRITE                             スプライト関数を実行（あとで説明）
000175      VSYNC
000176  ENDLOOP                                     メインループの終わり
000177  END
000178
000179
000180  '┌─────────────┐
000181  '│ 画面遷移の制御 │
000182  '└─────────────┘
000183  DEF FLOW_MAIN
000184  '--- スティック情報の取得
000185  STICK 0 OUT STX,STY                         スティックのかたむきを調べるSTICK命令
000186  IF STX>-0.2 && STX<0.2 THEN STX=0
000187  IF STY>-0.2 && STY<0.2 THEN STY=0
000188  VEC2ANGLE STX,STY OUT STA                   スティックのかたむきを角度に変換
000189  '--- 画面遷移
000190  FLOW_CALL FLOW$+"_MAIN"                     「○○○_MAIN」という名前の命令を実行
000191  '--- 画面遷移の切りかえリクエスト確認
000192  IF REQFLOW$!="" THEN                        REQFLOW$変数が空ではない場合は
000193      FLOW_CALL FLOW$+"_EXIT"
000194      FLOW$=REQFLOW$:REQFLOW$=""              REQFLOW$変数をFLOW$変数に入れる
000195      FLOW_CALL FLOW$+"_INIT"                 「○○○_INIT」という名前の命令を実行
000196  ENDIF
000197  END
```

セル

メインループは前に教えてもらったものと似ているね。FLOW_MAIN命令はなにをしてるんだろう？　前に習ったSTICK(スティック)命令以外はよくわからないや

FLOW_MAIN命令では画面の切りかえを行っているんだ。今回のゲームにはタイトル画面があるけど、リアルタイム処理(しょり)のゲームでは、タイトル画面も60分の1秒間隔(かんかく)でくり返すメインループで表示(ひょうじ)する必要があるよね。加えて、ゲーム本編(ほんぺん)のメインループも必要だ

そうか、5章のプログラムにはゲーム本編しかなかったけど、今回はタイトル画面もあるから、メインループにしたい部分が2つあるんだね

タイトル画面のメインループ

```
LOOP
```

タイトルの文字を表示し、
Aボタンがおされたら
ゲーム本編に切りかえる

```
VSYNC
ENDLOOP
```

ゲーム本編のメインループ

```
LOOP
```

プレイヤーキャラや敵(てき)キャラを動かす。
ゲームオーバーまたはゲームクリアしたら
タイトル画面に切りかえる

```
VSYNC
ENDLOOP
```

1つのプログラムの中で
2種類のメインループを共存(きょうぞん)させたい

こういう場合は、タイトル画面のメインループ内で実行したい処理と、ゲーム本編のメインループ内で実行したい処理をそれぞれユーザー定義命令にする。そして、メインループの中でどちらの命令を実行するかを、切りかえられるようにするんだ

1つのメインループが2種類の仕事をするんだね！

タイトル画面のとき

LOOP
　処理を切りかえる仕組み　→ タイトル画面の処理
　　　　　　　　　　　　　　ゲーム本編の処理
VSYNC
ENDLOOP

ゲーム本編のとき

LOOP
　処理を切りかえる仕組み　　タイトル画面の処理
　　　　　　　　　　　　　→ ゲーム本編の処理
VSYNC
ENDLOOP

1つのメインループの中で、
実行する処理が切りかわるようにする

ピクス

この切りかえる仕組みに当たるのがFLOW_MAIN命令。FLOW$
という変数に入っている文字によって、タイトル画面の処理を書
いたTITLE_MAIN命令か、ゲーム本編の処理を書いたGAME_
MAIN命令のどちらかを実行してくれるんだ

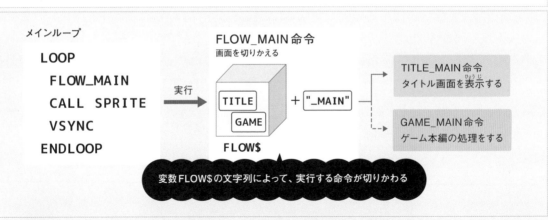

メインループ

LOOP
　FLOW_MAIN
　CALL SPRITE
　VSYNC
ENDLOOP

実行

FLOW_MAIN命令
画面を切りかえる

TITLE
GAME

FLOW$

+ "_MAIN"

TITLE_MAIN命令
タイトル画面を表示する

GAME_MAIN命令
ゲーム本編の処理をする

変数FLOW$の文字列によって、実行する命令が切りかわる

なるほどねー。なかなかすごい仕組みだなぁ

実際のプログラムでは、タイトル画面やゲーム本編に切り替わる
瞬間に準備の処理が必要で、それらはTITLE_INIT命令とGAME_
INIT命令になっている。だから、FLOW_MAIN命令は4つの命令
を切りかえて実行しているんだ。それらをふくめた主な命令を整理
すると、こんな感じになるよ

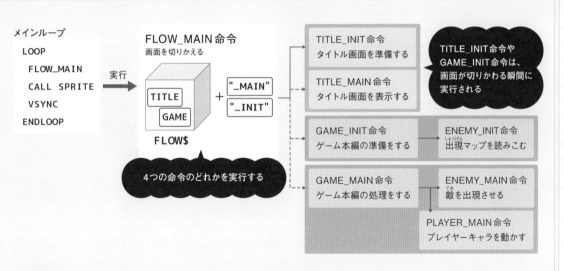

へー、これはけっこうややこしいや

今はおおまかな実行の流れがわかれば大丈夫だよ。リアルタイム処理で画面を切りかえるゲームでは、こんな感じのプログラムを書くんだと頭に入れておいて、慣れてきたらプログラムを調べてみてね

COLUMN

命令の名前で検索する

長いプログラムを読むときは、検索機能を使うと便利です。Ctrl + F キーをおすと編集画面の下に「検索」と表示されます。そのまま命令などの名前の一部を入力すると、プログラム内でその名前が出現する場所まで移動します。同じ名前が複数箇所にある場合は、↑ ↓ キーをおして移動できます。

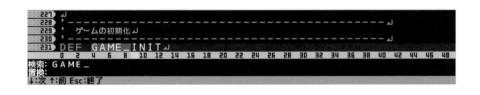

STEP 2 | スプライト関数の働きを知ろう

ピクス

プログラムの流れを確認（かくにん）するにあたって、もう1つ覚えてほしいものがあるんだよね。それは「スプライト関数」だ！

セル

スプライト関数？　スプライトに関係するもの？

そのとおり。スプライト関数というのは、「スプライトの動き方」を書いたユーザー定義（ていぎ）命令を、スプライト自身に渡（わた）すものなんだ。スプライトが劇（げき）の役者だとすると、スプライト関数は台本だね

スプライトに
スプライト関数を
渡す命令　　　　スプライトの管理番号　　スプライト関数の名前

SPFUNC SP "FUNC_ESHOT"

SP番のスプライトに台本
（スプライト関数FUNC_ESHOT）
を渡す

```
DEF  FUNC_ESHOT
VAR SP=CALLIDX()
OBJ
CHK_       まっすぐ進め！
CHK_DAMAGE  SP,-1,0,0
END
```

スプライト関数

スプライトに台本を渡すとどうなるの？

「CALL SPRITE」（コール スプライト）という命令を実行すると、スプライト関数がまとめて実行される。つまり、すべてのスプライトが自分の台本にそって動き出すんだ

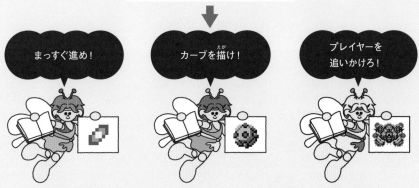

CALL SPRITE

まっすぐ進め！　カーブを描け！　プレイヤーを追いかけろ！

すべてのスプライトが、自分の台本（スプライト関数）にそって動き出す

へー！　スプライトが役者だとしたら、CALL SPRITEは開演の合図って感じだね

そうだね。それぞれのスプライトには、自分が持っている画像にふさわしい動きをするためのスプライト関数が渡されているよ

じゃあ弾のスプライトは弾の動きをするし、敵のスプライトは敵の動きをするんだね

そういうこと。さっき確認したメインループの中にも、CALL SPRITEが書いてあるよ。60分の1秒ごとにスプライト関数が実行されて、すべてのスプライトが動くようになっているんだ

本当だ！　174行目に「CALL SPRITE」があるね。なんとなくだけど、メインループでなにをしているのかわかってきたかも

いいね！　次は、キャラクターの動きについて見ていこう

COLUMN

命令と関数

SmileBASIC では、「命令」とよく似た「関数」というものを使います。SmileBASIC の関数は、実行するときの書き方が命令とことなり、ほかの命令と組み合わせて書くこともできます。ただし、命令と共通する点も多いので、同じものと考えて OK です。SPSET のように、命令としても関数としても使えるものもあります。また、命令と同じく「ユーザー定義関数」を作ることができます。

命令

SPSET 1000 OUT SP

「命令」は基本的に
1行に1命令を書く

結果の値はOUTの
あとの変数に入る

関数

SP=SPSET(1000)

結果の値を変数に
入れられる

SPOFS SPSET(1000), 0, 0

ほかの命令といっしょに書くこともできる
(関数の結果を、ほかの命令の引数にできる)

ユーザー定義関数の作り方

DEF 関数名
　処理
　RETURN 結果
END

ユーザー定義関数も
DEF で書く

RETURN文で
結果を返す

敵キャラの出現マップを書きかえてみよう

STEP 1 ｜ DATA命令の使い方を知ろう

セル

このゲーム、敵が出てくる順番が決まってるよね。どこで指定してるんだろ？

ピクス

1500行あたりから最後までの「敵の出現マップ」のところだね

```
001501 '
001502 ' 敵の出現マップ
001503 '
001504 '
001505 ' 敵発生タイミングのシーケンスデータ ( 次の発生までの時間 , 敵の名前 , 補助値 )
001506 '
001507 @DT_SEQ
001508 DATA    30,"START",0
001509 DATA 60*1,"STRAIGHT",0
001510 DATA 60*1,"CURVE",0
001511 DATA 60*2,"CENTER",0
001512 DATA    0,"STRAIGHT",0
001513 DATA    0,"ITEM",0
001514 DATA 60*4,"STRAIGHT",1
001515 DATA 60*1,"CURVE",0
001516 DATA    0,"STRAIGHT",0
       ……後略……
```

セル

DATA がたくさん並んでるね。STRAIGHT は「まっすぐ」、CURVE は「曲線」だから、敵の種類の指示かな？

ピクス

そう、DATA と書いてあるところが1行につき1種類の敵を出現させる指示なんだ

START
スタートの文字

ITEM
プレイヤーキャラを
強化するアイテム

STRAIGHT
まっすぐに飛ぶ敵

CURVE
カーブを描いて飛ぶ敵

CENTER
プレイヤーキャラを
追跡する中型の敵

BOSS
ボス

敵キャラだけじゃなく、「START」という文字や強化アイテムもあるね。ゲームに登場するすべてのものを出現させる指示がここに書かれているのか

そうだね。コメント文にもあるけど、DATA のあとに書かれている最初の数字が「次の敵が発生するまでの時間」（単位は60分の1秒）、その次に書いてあるのが敵の名前だよ。「60 ＊ 1,"STRAIGHT",0」だったら、「STRAIGHT という敵を出現させて、60（1秒）経ったら次の行を読みこむ」という意味になるね

ところで、DATA ってなに？

DATA命令は名前のとおりデータを書くための命令で、READ命令とセットで使うよ。DATA命令で書きこんだデータが、READ命令の後ろの変数に入るんだ

ラベルの次のDATA命令から読みこむよう指示する命令

```
RESTORE @DT_SEQ
READ 変数1, 変数2, 変数3……
```

データが読みこまれる変数

DATA命令のデータが
READ命令の変数に入る

DATA命令の前にラベルをつける　　1セット分のデータをカンマ区切りで書く

```
@DT_SEQ
DATA データ1, データ2, データ3……
```

変数にデータを入れるなら、「変数＝データ」って書けばいいんじゃないの？　なんでわざわざめんどうなことをしてるの？

それはプログラムとデータをなるべく切りはなすためだよ。敵の出現マップのデータは、ゲーム本編が始まる前にコンピュータに読みこませないといけないよね。でもプログラマーからすると、本編のプログラムの前に出現マップのデータが何十行も書かれていたら、わかりにくくなってしまう。だから、DATA命令を使ってプログラムの後半にデータをまとめて、プログラムの前のほうに書いたREAD命令で読みこむ仕組みにしているんだ

そうか、プログラムの最後のほうに出現マップを全部まとめておけば、あとから敵を増やしたり減らしたりしたいときはそこを直せばいいんだね

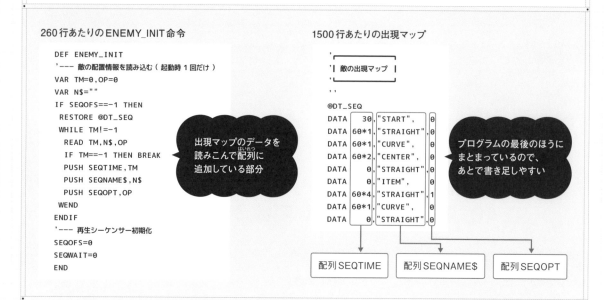

260行あたりのENEMY_INIT命令

```
DEF ENEMY_INIT
'--- 敵の配置情報を読み込む（ 起動時１回だけ ）
VAR TM=0,OP=0
VAR N$=""
IF SEQOFS==-1 THEN
 RESTORE @DT_SEQ
 WHILE TM!=-1
  READ TM,N$,OP
  IF TM==-1 THEN BREAK
  PUSH SEQTIME,TM
  PUSH SEQNAME$,N$
  PUSH SEQOPT,OP
 WEND
ENDIF
'--- 再生シーケンサー初期化
SEQOFS=0
SEQWAIT=0
END
```

出現マップのデータを読みこんで配列に追加している部分

1500行あたりの出現マップ

```
'┌──────────┐
'│ 敵の出現マップ │
'└──────────┘
''
@DT_SEQ
DATA   30,"START",   0
DATA 60*1,"STRAIGHT",0
DATA 60*1,"CURVE",   0
DATA 60*2,"CENTER",  0
DATA    0,"STRAIGHT",0
DATA    0,"ITEM",    0
DATA 60*4,"STRAIGHT",1
DATA 60*1,"CURVE",   0
DATA    0,"STRAIGHT",0
```

→ 配列SEQTIME　→ 配列SEQNAME$　→ 配列SEQOPT

プログラムの最後のほうにまとまっているので、あとで書き足しやすい

STEP 2　出現パターンを変えてみよう

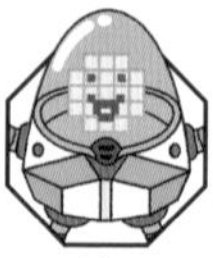
ピクス

じゃあ、次は出現マップにDATA命令を追加して、出現する敵を変えてみよう

セル

えーと、最初の数字が次の敵が発生するまでの時間、次が敵の名前だったよね。3つ目の「補助値」ってなんだろう？

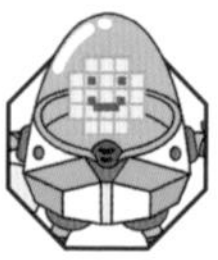

補助値は、敵キャラに追加でなにか指示したいときに使うオプション設定だよ。STRAIGHTとCURVEの敵は、補助値が0なら画面の左はし、1なら画面の右はしに出現するようになっていて、ITEMの補助値はアイテムの種類を数字で指定しているんだ

なるほど。最初の行の「START」の次に1行足して、敵を追加してみよう

1510行目にプログラムを追加して、 F5 で実行しよう！

```
001506    ' 敵発生タイミングのシーケンスデータ（ 次の発生までの時間 , 敵の名前 , 補助値 ）
001507    '
001508    @DT_SEQ
001509    DATA   30,"START",0
001510    DATA 60*10,"CENTER",0      ──→   追加した行
001511    DATA 60*1,"STRAIGHT",0
001512    DATA 60*1,"CURVE",0
001513    DATA 60*2,"CENTER",0
          ……後略……
```

START のあとすぐに中型の敵（CENTER）
が出現

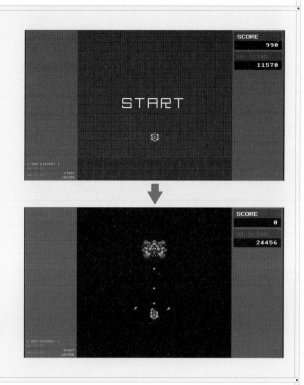

お、スタートしてすぐに中型の敵が出るようになった！

やったね！

TRY!

やってみよう

STRAIGHT、CURVE、CENTER、ITEMのどれかが出現するように、
敵出現マップにDATA命令を追加して、より歯ごたえのあるゲームに作りかえてみよう。

解答 ☞ 224ページ

COLUMN

三角関数のひみつ

縦スクロールシューティングでは、スティックから取得したX、Yの値を三角関数を使って角度に変換しています。三角関数とは、三角形の角度と辺の長さを計算する方法で、中学校で習います。

取得したX、Yの値を三角関数で角度に変換し、その角度からもう一度X、Yの値に直してから、キャラクターの座標に足しています。なぜそんなことをしているかというと、5章のサンプルプログラムのように、X、Yの値をそのまま座標に足すと、ななめに移動するときだけ速くなってしまうからです。三角関数を使えば、どの方向にも同じ速度で移動させることができます。

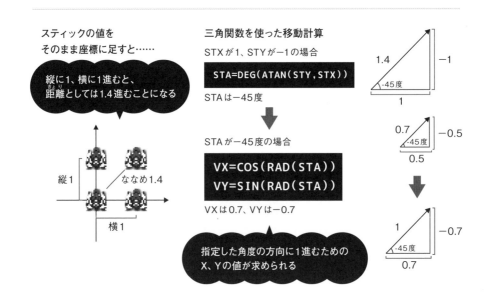

スティックの値を
そのまま座標に足すと……

縦に1、横に1進むと、
距離としては1.4進むことになる

縦1　ななめ1.4

横1

三角関数を使った移動計算

STXが1、STYが−1の場合

`STA=DEG(ATAN(STY,STX))`

STAは−45度

1.4　−1　-45度　1

STAが−45度の場合

`VX=COS(RAD(STA))`
`VY=SIN(RAD(STA))`

VXは0.7、VYは−0.7

0.7　-45度　−0.5　0.5

指定した角度の方向に1進むための
X、Yの値が求められる

1　-45度　−0.7　0.7

SECTION 5

PROGRAMMING LESSONS
WITH THE NINTENDO SWITCH

ボスと弾の動きを変えてみよう

STEP 1	弾の発射数を減らしてみよう

セル

ボスの弾幕すごすぎー。何回やってもたおせないよ

ピクス

ちょっと強すぎるよね。442行目あたりからのボスの処理をいじっ
て、弾の数を減らしてみようか

```
000442  '------------------------------------------
000443  ' ボス
000444  '------------------------------------------
000445  @DT_BOSS                    ← ボスのデータを示すラベル
000446  DATA 7702,1,100,10,"FUNC_ENE_BOSS",#SCO_9999
000447  '---
000448  DEF ENE_BOSS_INIT NM$,OP    ← ボスの出現処理をするユーザー定義命令
000449  VAR SP=SPSET(#SP_ENETOP,#SP_ENEEND,0)
000450  IF SP==-1 THEN RETURN
000451  OBJSET SP,#SCRN_W/2,-200,90,"@DT_BOSS"
000452  SPVAR SP,"ESHOTANGLE",0
000453  BEEP 123,-700
000454  END
000455  '--- スプライト関数
000456  DEF FUNC_ENE_BOSS           ← 出現後の動きを指示するスプライト関数
000457  VAR SP=CALLIDX()
000458  OBJ_MOVE SP 'シンプルな角度とスピードによる移動
000459  CHK_PLAYER SP
```

次ページへ

縦スクロールシューティングを作ろう

CHAP.6

187

```
000460  VAR X,Y,W,H
000461  SPOFS SP OUT X,Y
000462  SPCHR SP OUT ,,W,H
000463  VAR NO
000464  IF Y>=#SCRN_H/3 THEN
000465   '---
000466   SPVAR SP,"SPD",0
000467   '---
000468   VAR EANG=SPVAR(SP,"ESHOTANGLE")
000469   IF (MAINCNT() MOD 30)==0 THEN
000470    FOR NO=0 TO 360 STEP 9
000471     ESHOT_SET SP,NO+EANG
000472    NEXT
000473    BEEP 13,0,90
000474    SPVAR SP,"ESHOTANGLE",EANG+3
000475   ENDIF
000476  ENDIF
         ·····後略·····
```

セル

ボスのところだけでも長いね〜。どこをいじったらいいんだろう？

ピクス

ボスの処理(しょり)は3つに分かれていて、「@DT_BOSS」がデータ、「ENE_BOSS_INIT」が出現処理(しゅつげん)、「FUNC_ENE_BOSS」が出現後の動きを指示(しじ)するスプライト関数だよ。どこが関係あると思う？

弾(たま)を発射(はっしゃ)するのは出現したあとだから、3つ目のFUNC_ENE_BOSSかな？

正解(せいかい)！　これで見るところがしぼれたよね

あ、ESHOT_SETと書いてあるところがある。ここが弾の処理じゃないかな

 そのとおり！　弾の発射に関する部分をぬきだして見てみよう

```
000468  VAR EANG=SPVAR(SP,"ESHOTANGLE")    → 弾の発射角度を変数に入れる
000469  IF (MAINCNT() MOD 30)==0 THEN      → 30数えるごとに発射する
000470   FOR NO=0 TO 360 STEP 9            → 発射角度を0から360まで9度ずつ増やす
000471    ESHOT_SET SP,NO+EANG             → 弾を発射する
000472   NEXT
000473   BEEP 13,0,90                      → 効果音を鳴らす
000474   SPVAR SP,"ESHOTANGLE",EANG+3       → 次の弾の発射角度を3度ずらす
000475  ENDIF
```

 「(MAINCNT() MOD 30)==0」の30は、「メインカウンターを30でわったあまりが0なら」という意味で、かんたんにいうと「30数えるごとに1回」弾の発射処理を行うことになる。このプログラムは60分の1秒単位で動いているから、秒数でいうと「0.5秒に1回」となるね

 0.5秒に1回？　もっとたくさん発射しているよね？

 円を描くように複数の弾を発射する処理が、0.5秒ごとに行われるってことだよ。「FOR NO=0 TO 360 STEP 9」で、発射角度を少しずつ変えながら弾を発射するよう指定されているんだ

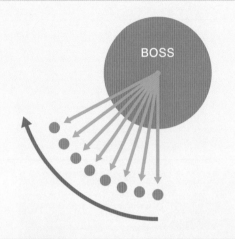

変数NOを0～360の間で、9度ずつ増やしながら……

```
FOR NO=0 TO 360 STEP 9
ESHOT_SET SP,NO+EANG
NEXT
```

ESHOT_SET命令で、変数NOの角度で弾を発射する

セル

じゃあ、そこを変えれば弾の数を減らせるね　▼

① 「MOD 30」を「MOD 60」に変えると、弾の発射間隔が60回に1回（1秒に1回）になる

② 「STEP 9」を「STEP 18」に変えると、弾の発射角度が18度おきになる

次のプログラムを入力して、F5 で実行しよう！

```
000468  VAR EANG=SPVAR(SP,"ESHOTANGLE")
000469  IF (MAINCNT() MOD 60)==0 THEN ──→ 発射間隔を変える
000470   FOR NO=0 TO 360 STEP 18 ──→ 発射角度の間隔を変える
000471    ESHOT_SET SP,NO+EANG
000472   NEXT
000473   BEEP 13,0,90
000474   SPVAR SP,"ESHOTANGLE",EANG+3
000475  ENDIF
```

ピクス

これならクリアできそうだね

STEP 2 | 弾の速度を速くしてみよう

ボスを弱くしたせいか、かんたんになりすぎたね。敵の弾がもっと
速くてもいい気がしてきたよ！

それじゃ、次は弾を速くしてみようか。敵の弾の処理は500行目
あたりに書かれているよ

```
000501  '─────────────────────────
000502  ' 弾の発射
000503  '─────────────────────────
000504  @DT_ESHOT ──→ 弾のデータ
000505  DATA 7346,1,1,1,"FUNC_ESHOT",#SCO_0
000506  '---
000507  DEF ESHOT_SET PR,ANGLE ──→ 弾を発射する命令
000508  VAR SP=SPSET(#SP_ESHOTTOP,#SP_ESHOTEND,0)
000509  IF SP==-1 THEN RETURN
000510  '--- 発射元の情報取得
```

次ページへ

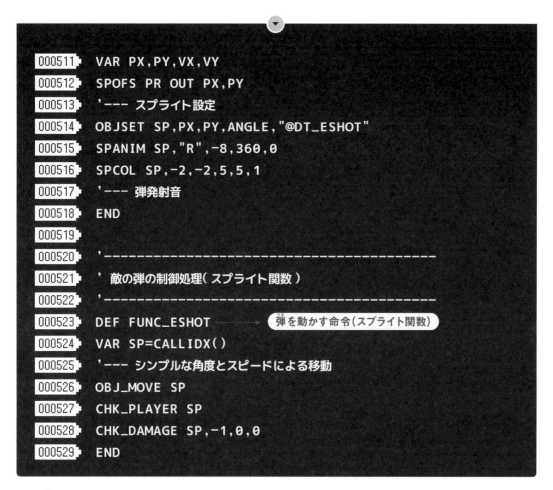

```
000511  VAR PX,PY,VX,VY
000512  SPOFS PR OUT PX,PY
000513  '--- スプライト設定
000514  OBJSET SP,PX,PY,ANGLE,"@DT_ESHOT"
000515  SPANIM SP,"R",-8,360,0
000516  SPCOL SP,-2,-2,5,5,1
000517  '--- 弾発射音
000518  END
000519
000520  '----------------------------------------------
000521  ' 敵の弾の制御処理 (スプライト関数)
000522  '----------------------------------------------
000523  DEF FUNC_ESHOT ────→ 弾を動かす命令(スプライト関数)
000524  VAR SP=CALLIDX()
000525  '--- シンプルな角度とスピードによる移動
000526  OBJ_MOVE SP
000527  CHK_PLAYER SP
000528  CHK_DAMAGE SP,-1,0,0
000529  END
```

セル

SPOFS命令で弾を動かしているのかと思ったんだけど、見当たらないな……

ピクス

弾の移動はスプライト関数のFUNC_ESHOT命令の中にある、「OBJ_MOVE」という命令が行っているよ。でも、弾のスピードを決めるのは、「@DT_ESHOT」というラベルの次の行にあるデータなんだ

どういうこと……?

敵キャラの設定は514行目にある「OBJSET」というユーザー定義命令が行うんだけど、この命令は、引数で指定したラベルからデータを読みこむように設定されているんだ

またDATA命令とREAD命令だ。こういう使い方もできるんだね

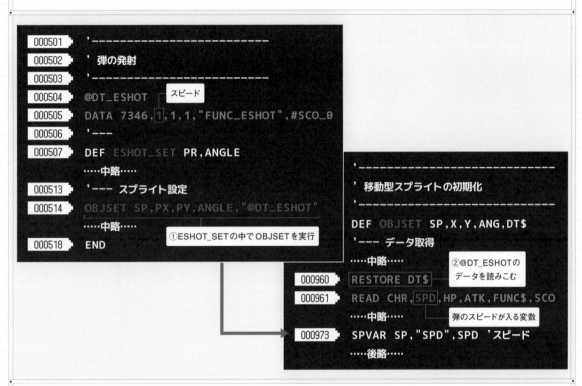

```
000501   '----------------------------
000502   ' 弾の発射
000503   '----------------------------
000504   @DT_ESHOT              スピード
000505   DATA 7346,1,1,1,"FUNC_ESHOT",#SCO_0
000506   '---
000507   DEF ESHOT_SET PR,ANGLE
         ……中略……
000513   '--- スプライト設定
000514   OBJSET SP,PX,PY,ANGLE,"@DT_ESHOT"
         ……中略……
000518   END
```

①ESHOT_SETの中でOBJSETを実行

```
         '----------------------------
         ' 移動型スプライトの初期化
         '----------------------------
         DEF OBJSET SP,X,Y,ANG,DT$
         '--- データ取得
         ……中略……               ②@DT_ESHOTの
000960   RESTORE DT$              データを読みこむ
000961   READ CHR,SPD,HP,ATK,FUNC$,SCO
         ……中略……         弾のスピードが入る変数
000973   SPVAR SP,"SPD",SPD  'スピード
         ……後略……
```

 DATA命令の2つ目の数字が弾のスピードなんだね

 そうだよ。READ命令で変数に読みこませたら、そのデータを「SPVAR」という命令でスプライトに記憶させる

 スプライトに記憶させる？　変数のデータを？

 スプライト関数と同じように、変数のデータをスプライトに記憶させることができるんだ。これを「スプライト変数」というよ

スプライトに
スプライト関数を
渡す命令 / スプライトの
管理番号が
入った変数 / スプライト
変数の名前

SPVAR SP, "SPD", 1

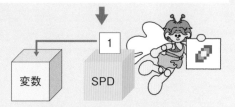

スプライトの
管理番号が入った変数 / スプライト
変数の名前

変数 =SPVAR(SP, "SPD")

SP番のスプライトに
変数のデータを記憶させる

スプライト変数のデータを取り出して
通常の変数に入れる

ピクス

スプライト変数に記憶したスピードの数字は、キャラクターを動か
す「OBJ_MOVE」というユーザー定義命令の中で取り出して使っ
ているよ

```
'––––––––––––––––––––––––––
' 敵の弾の制御処理（スプライト関数）
'––––––––––––––––––––––––––
DEF FUNC_ESHOT
VAR SP=CALLIDX()
'––– シンプルな角度とスピードによる移動
OBJ_MOVE SP        ①OBJ_MOVEを実行
CHK_PLAYER SP
CHK_DAMAGE SP,-1,0,0
END
```

```
'––––––––––––––––––––––––––
' シンプルな角度とスピードによる移動
'––––––––––––––––––––––––––
DEF OBJ_MOVE SP
VAR X,Y
SPOFS SP OUT X,Y      ②スプライト変数から
……中略……              データを取り出して
VAR SPD=SPVAR(SP,"SPD")   変数SPDに入れる
VX=VX*SPD
VY=VY*SPD       ③変数SPDを移動量VX、VYにかける
SPVAR SP,"SPD",SPD+SPVAR(SP,"ADDSPD")
X=X+VX
Y=Y+VY
SPOFS SP,X,Y
END
```

セル

あ、OBJ_MOVE命令の中にSPOFS命令があるね。いろいろなユー
ザー定義命令が出てきてややこしかったけど、結局スプライトを動
かすときはSPOFS命令を使うんだね

そうだね。仕組みを説明するとややこしいけど、OBJ_SET命令を使えば敵キャラクターのデータをまとめてスプライトにセットできるし、OBJ_MOVE命令を使えば、「決まった角度でまっすぐ飛ぶキャラクター」をかんたんに作ることができるんだ

まだよくわからないことも多いけど、とにかくDATA命令のところを書きかえれば、弾のスピードは変えられそうだね。もしかすると、DATA命令の2番目の数字を2にしたら、スピードは2倍になるのかな？

505行目のプログラムを修正して、F5で実行しよう！

```
000505  DATA 7346,2,1,1,"FUNC_ESHOT",#SCO_0
```

よくわかったね！　これで弾のスピードが2倍になるよ

TRY!

やってみよう

OBJSET命令の中のREAD命令では、次のように変数にデータを読みこんでいるよ。SPDにはスピードのデータが入っているけれど、ほかの変数にはどんなデータが入っているかな。①～④の変数に入っているデータを予想して、（　）に書こう。

```
         ①      ② ③        ④
000961  READ CHR,SPD,HP,ATK,FUNC#,SCO
```

ヒント：SPDが「SPEED」の略であるように、CHRやHP、ATK、SCOもなにかの英単語の略だよ。

① (　　　　　　　　)
② (　　　　　　　　)
③ (　　　　　　　　)
④ (　　　　　　　　)

解答 ☞ 224ページ

CHALLENGE!

応用問題

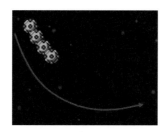

ピクス

「SHOOTER.PRG」ファイルを使って、カーブを描いて飛ぶ敵キャラクター（CURVE）の動きを、もっとゆるやかなカーブを描いて飛ぶように変えてみよう。数値はなんでもいいから、どこを変えればいいのかを探してね

▼

次のプログラムを修正して、[F5] で実行しよう！

```
000370    @DT_CURVE
000371    DATA 7474,1,3,1,"FUNC_ENE_CURVE",#SCO_100
          ---中略---
000381     SPVAR SP,"ADDSPD",0.01 'スピードの変化量
000382    NEXT
000383    END
000384    '--- スプライト関数
000385    DEF FUNC_ENE_CURVE
000386    VAR SP=CALLIDX()
000387    IF CHK_WAIT(SP) THEN RETURN '待ち時間の確認
000388    OBJ_MOVE SP 'シンプルな角度とスピードによる移動
000389    SPVAR SP,"ANGLE",SPVAR(SP,"ANGLE")+3 '角度変化
000390    CHK_PLAYER SP
000391    CHK_DAMAGE SP,120,RND(2048-1024),1 '死んだか？
000392    END
```

解答 ☞ 225ページ

PROGRAMMING
LESSONS
WITH THE NINTENDO SWITCH

CHAPTER

7

LEVEL

2マッチパズル
ゲームを作ろう

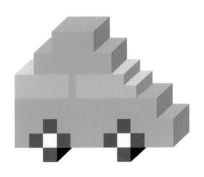

SECTION 1

PROGRAMMING
LESSONS
WITH THE NINTENDO SWITCH

ゲームの流れを確認しよう

ピクス

次はダウンロードキー4DKKX2N3Eで「2MATCH.PRG」という
ファイルをダウンロードして、「2マッチパズルゲーム」をアレンジ
してみよう！

セル

2マッチってなに？　マッチを2本使うの？

マッチは「合う」という意味だよ。「同じアイテムが2つ以上つな
がっていたら消せる」というルールだから、「2マッチ」なんだ

① 方向ボタンで同じアイテムがつながって
　いるところにカーソルを合わせる

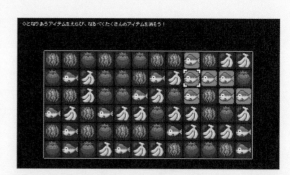

② Aボタンをおすとアイテムが消え、上に
　あったアイテムが下に落ちてくる

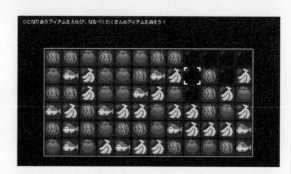

③ ゲームが進むと、アイテムが減っていく

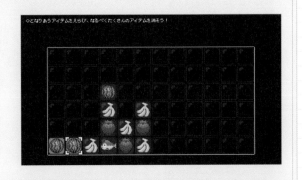

④ それ以上消せなくなると「手詰まり」と表示されてゲームオーバー

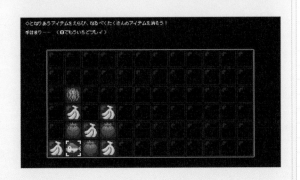

 あっ！　消せなくなっちゃった

 全部消すのは意外とむずかしいよね。うまくすべて消せたら「全消しコンプリート」と表示されるよ

⑤ すべて消せたらクリア。「X」ボタンで再プレイできる

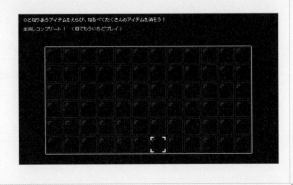

プログラムの流れを確認しよう

STEP 1	ゲームの基本構造を確認しよう

ピクス

> プログラムが長いので、「どの行で何をしてるか」を整理してみたよ

～ 100 行	変数や定数の初期化
110 行～	メインループ（GAME INIT、GAME_MAIN などの呼び出し）
130 行～	GAME_INIT（ゲームの初期化。アイテムを並べてシャッフル）
235 行～	UPDATE_INPUTS（プレイヤーの操作を受けつけて変数に入れる）
290 行～	GAME_MAIN（ゲームのメイン処理。GAME_MOVE_CURSOUR、GAME_REMOVE_ITEMS などの実行）
340 行～	GAME_MOVE_CURSOR（カーソルの移動）
364 行～	GAME_REMOVE_ITEMS（アイテムを消す）
399 行～	GAME_REMOVE_LINES（ラインをつめる、クリア判定）
452 行～	WAIT_RETRY（リトライのためのキー入力待ち）
	ここから判定などの細かい処理
470 行～	UPDATE_AREA（消すアイテムを探す）
510 行～	REMOVE_ITEMS（アイテムを消す）
556 行～	IS_NEW_ITEM（消すアイテムに追加すべきか判定）
578 行～	REMOVE_LINES（アイテムがないラインをつめる）
610 行～	CHECK_COMPLETE（クリア判定）
616 行～	CHECK_END（ゲームオーバー判定）
637 行～	便利命令（IN_RECT、DIR2XY）

セル

うーん、長いプログラムだなぁということしかわからない……

どの命令がなにを実行しているか、図を描いて整理してみよう。今回のゲームもリアルタイム処理なので、60分の1秒ごとのくり返しが中心になっているよ。ただし、6章のシューティングゲームよりは少し単純になっていて、ゲーム実行中はGAME_MAIN命令が実行され、クリアしたか手詰まりになったときはWAIT_RETRY命令が実行される

GAME_INIT命令
アイテムを並べてシャッフルし
画面を準備する

メインループ

GAME
COMPLETE END

FLOW$

変数FLOW$の内容に応じて、GAME_MAINかWAIT_RETRYのどちらかの命令を実行

GAME_MAIN命令
・移動ボタンがおされていたら
　カーソルを移動させる
・3つの命令を実行

WAIT_RETRY命令
Xキーがおされたら
GAME_INIT命令を実行して
ゲーム再開

UPDATE_AREA命令
カーソルがある位置を調べ、
消せる範囲を更新する

Aボタンがおされた

GAME_REMOVE_ITEMS命令
UPDATE_AREA命令で調べた範囲の
アイテムを消し、上にあるものを落とす

GAME_REMOVE_LINES命令
列を左につめる。クリアしたか
手詰まりかの判定もここで行う

GAME_MAIN命令で3つの命令が実行されて、「消せる範囲の更新」「アイテムを消す」「列をつめる」という仕事をしているんだね

そうだね。今回はこのゲームの中で一番重要になるGAME_INIT命令と、UPDATE_AREA命令を見ていこう

SECTION 3

アイテムを並べる仕組みを知ろう

STEP 1 | 二次元配列について知ろう

ピクス

このゲームでは4種類のアイテムが縦に6マス、横に12マス並んでいるね。このゲームのステージは「二次元配列」というもので管理されているんだ

セル

二次元配列？

前に複数のデータを入れられる「配列」というものを教えたよね（忘れちゃったら3章へGOTO！）。配列は1つのそえ字でデータを指定したけど、二次元配列はそえ字が2種類ある。この数字で行と列を指定できるんだ

配列（一次元配列）

[0]	[1]	[2]	[3]	[4]	[5]

二次元配列

[0,0]	[0,1]	[0,2]	[0,3]	[0,4]	[0,5]
[1,0]	[1,1]	[1,2]	[1,3]	[1,4]	[1,5]
[2,0]	[2,1]	[2,2]	[2,3]	[2,4]	[2,5]

構造はよく似ているよね。二次元配列も、一次元の配列と同じくDIM命令を使って作成するよ

```
                  配列を作る    配列     1次元目の   2次元目の
                  命令        変数名    要素の数    要素の数

                  DIM STAGE[6,12]
```

6×12個の要素を持つ
二次元配列ができる

このプログラムの97行目で「STAGE」という名前の二次元配列が
作成されているよ。これがこのゲームの土台となる配列なんだ

```
000028   CONST #STG_W=12  'ステージのX方向のアイテム数
000029   CONST #STG_H=6   'ステージのY方向のアイテム数
```

```
000097   DIM STAGE[#STG_H,#STG_W]
```

STEP2 | アイテムを並べる処理を知ろう

ゲームがスタートしたときにアイテムを並べる処理は、141行目か
らのGAME_INIT命令の中で行われているよ。二次元配列STAGE
の中に、アイテムのスプライト画像の番号を入れているんだ

```
000141   '--- すべてのアイテムがなるべく同数になるよう生成
000142   VAR I,J,T
000143   VAR ITEM_NUM=#STG_W*#STG_H
000144   FOR I=0 TO ITEM_NUM-1
000145     STAGE[I]=TYPES[I MOD LEN(TYPES)]
000146   NEXT
000147   '--- 並べたアイテムをシャッフルする
000148   FOR I=0 TO ITEM_NUM-1
000149     J=RND(ITEM_NUM-I)+I
000150     T=STAGE[I]
```

次ページへ

```
000151  STAGE[I]=STAGE[J]
000152  STAGE[J]=T
000153  NEXT
```

ピクス

スプライト画像の番号は、39行目でTYPESという配列に入れられ
ている。アイテムはイチゴ、バナナ、スイカ、サカナの4種類だか
ら、TYPESの要素も4つだね

```
000039  DIM TYPES[]=[5673,5678,5679,5690]
```

セル

FOR文を使って並べているんだね。うーん、今までに習った命令
ばかりなんだけど、いまいちなにをやっているのかわからないな

このプログラムを理解するために、二次元配列は一次元配列として
も利用できることを知っておこう。実は、二次元配列のすべての行
を横につなげて1行として考えれば、一次元配列として使うことが
できるんだ

STAGE[X, Y]

……5673
……5678
……5679
……5690

STAGE[I]

STAGE[1, 0]とSTAGE[12]は同じ要素を指す

STAGE[0, 0] ～ STAGE[0, 11]に相当　　　　STAGE[1, 0] ～ STAGE[1, 11]に相当

へー！　一次元配列にすることで、どんないいことがあるの？

 この性質を利用すると、1つのFOR文ですべての要素にデータを入れられるんだ。もう一度、アイテムを並べるプログラムを見てみよう

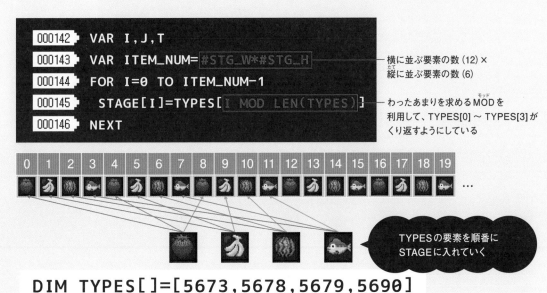

```
000142  VAR I,J,T
000143  VAR ITEM_NUM=#STG_W*#STG_H
000144  FOR I=0 TO ITEM_NUM-1
000145    STAGE[I]=TYPES[I MOD LEN(TYPES)]
000146  NEXT
```

横に並ぶ要素の数（12）× 縦に並ぶ要素の数（6）

わったあまりを求めるMODを利用して、TYPES[0]〜TYPES[3]がくり返すようにしている

TYPESの要素を順番にSTAGEに入れていく

DIM TYPES[]=[5673,5678,5679,5690]

そえ字　　　　0　　　　1　　　　2　　　　3

 MODは前にも教わったね。あまりを求める計算を使って、くり返しの数字を作れるんだよね

 「LEN(TYPES)」は配列の長さを求めているから、この場合の答えは4。「I MOD 4」だから、0〜3のくり返しになるわけだね

 でも、これだとアイテムは規則正しく順番に並ぶよね？　実際のゲームの見た目とはちがうような？

ピクス

シャッフルする前だからね。シャッフルする処理（しょり）なしでゲーム画面を表示すると、こんな感じで規則正（きそく）しく画像（がぞう）が並（なら）ぶよ

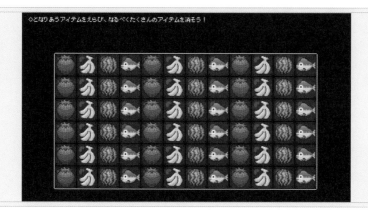

◇となりあうアイテムをえらび、なるべくたくさんのアイテムを消そう！

STEP3 | アイテムをシャッフルする仕組みを知ろう

アイテムが規則正しく並んだ状態（じょうたい）だと、かんたんにゲームをクリアできてしまう。シャッフルしてむずかしくしよう

セル

シャッフルって、トランプでいうと、カードを混（ま）ぜて順番を変える
ことだよね

そうだね。このゲームでも同じようにアイテムを入れかえているんだ。プログラムを見てみよう

```
000148   FOR I=0 TO ITEM_NUM-1
000149     J=RND(ITEM_NUM-I)+I
000150     T=STAGE[I]
000151     STAGE[I]=STAGE[J]
000152     STAGE[J]=T
000153   NEXT
```

配列（はいれつ）STAGEの先頭から
末尾までをくり返しでたどる

配列STAGEの先頭から
末尾までをくり返しでたどる

要素（ようそ）の値（あたい）を入れかえる

またFOR文だね。STAGEの先頭から末尾まで順番になにかしていることはわかるんだけど……

このプログラムの重要なところは、「RND(ITEM_NUM－I)+I」の部分だよ。変数Iが先頭から末尾に向けて移動するのに合わせて、変数I〜末尾の間でランダムに入れかえ相手を選んでいるんだ

えーと、ITEM_NUMは12×6だから72。Iが4だとするとRND(72－4)はRND(68)だから、0〜67のどれかがランダムに選ばれるね

そうだね。そして「RND(ITEM_NUM－I)+I」だから、ランダムに選ばれた0〜67にIの4が足されることになる。つまり最終的に4〜71からランダムに選ばれることになり、それが変数Jに入るんだ

その様子がさっきの図なんだね。先頭から順に、それよりあとの要素とランダムに入れかえているってことか

そのとおり。少しずつプログラムの構造がわかってきたね

STEP4 | アイテムを減らしてみよう

セル

それにしても、どうしても少しアイテムが残っちゃってクリアできないな

ピクス

ランダムにシャッフルしているだけだから、今のプログラムでは必ずクリアできるとはかぎらないよ。アイテムを減らして少しかんたんにしてみたらどうかな？ 配列TYPESの中身を変えればできるよ！

39行目のプログラムを修正して、F5 で実行しよう！

```
000039  DIM TYPES[]=[5673,5678]
```

あ、アイテムが2種類に減った。けっこうかんたん！

3つにしたり、逆に5つ以上に増やしたりすることも同じようにできるよ

TRY!
やってみよう

アイテムの数を、自由に増やしたり減らしたりしてみよう。

解答 ☞ 225ページ

SECTION 4

消せるアイテムの探し方を知ろう

STEP 1 | 探索アルゴリズムを知ろう

ところで、このゲームでは「消せる範囲」をどうやって判定していると思う？

うーん、同じ絵が「2個以上」つながっていると消せるんだよね。2個までだったらIF文をいくつか書けば判定できそうだけど、3個以上つながっている場合は並べ方のパターンがたくさんあるよね。どうしたらいいんだろう？

2個つながっているパターン　3個つながっているパターン　4個つながっているパターン

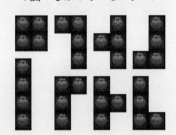

並べ方のパターンがいくつあっても判定できるように、このゲームでは「探索アルゴリズム」を使っているんだ

探索アルゴリズム？　探索って「探す」って意味だよね？

ピクス

そう。探索アルゴリズムは、迷路のゴールを探したいときなどに使われるんだ。ちょっとむずかしいからモグラさんが穴を掘る様子にたとえて説明しよう

セル

モグラさん？

そう、モグラさん。モグラさんは、かたい石をよけて、土のところだけを掘ろうとしているよ

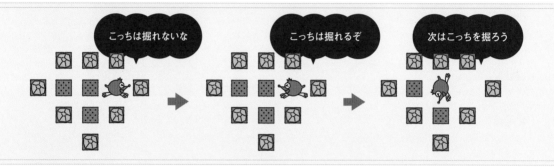

こっちは掘れないな　こっちは掘れるぞ　次はこっちを掘ろう

こうして絵にして見ると、「消せる範囲」の探索と似ているね

そうだね。土は「同じアイテムがつながっているところ」、石は「ちがうアイテムのところ」にあたるわけだ。そして、モグラさんが穴を掘る動きは、次の2つの行動パターンの組み合わせでできているんだ

①時計回りに掘れる場所を探す

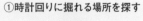

※すでに掘った場所は
掘れないとみなす

②行きづまったら、1つ前の場所にもどって掘れる場所を探す

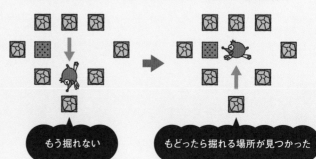

もう掘れない　　もどったら掘れる場所が見つかった

このモグラさんの行動パターンをプログラムに落としこめば、「消せる範囲」の判定ができるようになるんだ

STEP 2　　「消せる範囲」を判定する仕組みを知ろう

「消せる範囲」を判定するプログラムでは、次のような配列や変数を使うよ

消せる範囲はSITEMS_XとSITEMS_Yに入れていくんだね

探索は現在カーソルがあるマスから、上、右、下、左の順に進めるよ。まず上方向（0）を見て、同じアイテムがなかったら次は右方向（1）を見る。ここでは右どなりのマスに同じアイテムが見つかったとしよう

SECTION 4

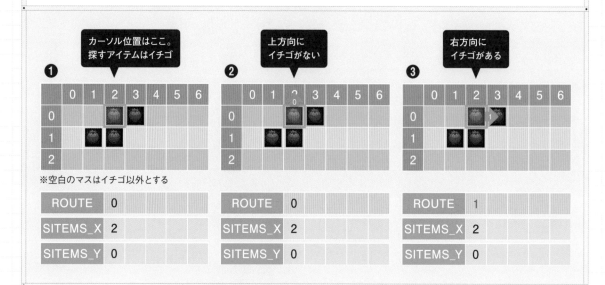

ピクス

同じアイテムが見つかったら、SITEMS_XとSITEMS_Yに位置を記録し、ROUTEに現在の探索方向を記憶して、見つかったマスを新しい探索位置にする。そしてまた上、右、下、左の順に同じアイテムを探していくよ

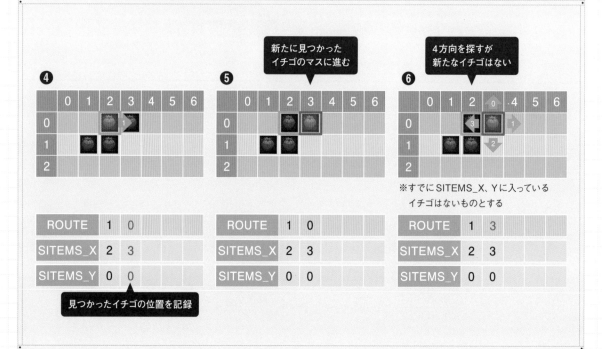

212

セル

4方向全部探しても、新しく同じアイテムが見つからなかった場合
はどうなるの？

その場合は1つ前の位置にもどって、配列ROUTEからデータを1
つ取るよ。1つ前の位置では右方向（1）を探索していたから、そこ
は探す必要がない。だから、次は下方向（2）を探すんだ

なるほど、前に探した方向を記録しておいたのは、その次の方向か
ら再開するためなんだね

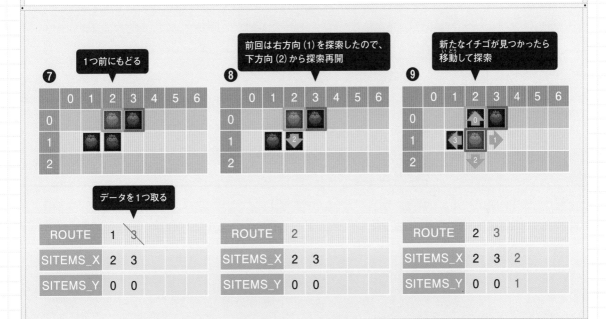

❼ 1つ前にもどる

	0	1	2	3	4	5	6
0							
1							
2							

データを1つ取る

ROUTE	1	3
SITEMS_X	2	3
SITEMS_Y	0	0

❽ 前回は右方向（1）を探索したので、下方向（2）から探索再開

	0	1	2	3	4	5	6
0							
1							
2							

ROUTE	2	
SITEMS_X	2	3
SITEMS_Y	0	0

❾ 新たなイチゴが見つかったら移動して探索

	0	1	2	3	4	5	6
0							
1							
2							

ROUTE	2	3	
SITEMS_X	2	3	2
SITEMS_Y	0	0	1

四方向を探索して、見つかったら進んでまた探索し、見つからな
かったら1つ前にもどる。これをくり返していくと、やがて全部の
同じアイテムが見つかるんだ

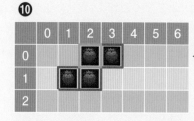

❿

探索して進んでもどって……をくり返していくと、
やがてつながっているイチゴが全部見つかる

ROUTE				
SITEMS_X	2	3	2	1
SITEMS_Y	0	0	1	1

SITEMS_Xの長さが
「何個つながっているか」を表す

ピクス

見つかった同じアイテムの位置はSITEMS_XとSITEMS_Yに記録
されているから、どちらかの長さを調べれば、つながっている同じ
アイテムの数がわかるんだ

セル

なるほどね！　なんとなくイメージがつかめてきたかも

STEP 3 | 探索プログラムを確認しよう

次は実際のプログラムを見ていこう。探索処理は472行目の
UPDATE_AREAというユーザー定義命令の中に書かれているよ。
まず、ROUTEやSITEMS_X、SITEMS_Yなどの配列を用意して、
現在のカーソル位置を調べてそれを配列に記憶する。これでさっき
の図❶の状態になるんだ。変数CX、CYには最初に現在のカーソ
ルの位置が入るけど、そのあとは現在探索中の位置を表すよ

```
000472  DEF UPDATE_AREA
000473  '--- 使用する配列を初期化
000474  DIM ROUTE[1]=[0]  ──→  新たに長さ1の配列ROUTEを作り、0を記録しておく
000475  RESIZE SITEMS_X,1  ──→  SITEMS_Xの長さを1に
000476  RESIZE SITEMS_Y,1  ──→  SITEMS_Yの長さを1に
000477  '--- カーソル位置を読み出し
000478  VAR CX=SPVAR(#CURSOR_SP,"CURSOR_X")
000479  VAR CY=SPVAR(#CURSOR_SP,"CURSOR_Y")
000480  SITEMS_X[0]=CX
000481  SITEMS_Y[0]=CY
000482  '--- 何もない所なら探索しない
000483  IF STAGE[CY,CX]<0 THEN RETURN
000484  '--- 範囲を探す
000485  VAR X,Y,T,DIR=0
```

続いてWHILE文を見ていこう。WHILE文はくり返し文の一種なんだけど、ここではくり返し処理の内容に注目するよ。まず「IS_NEW_ITEM」というユーザー定義関数を使って、探索位置 (CX, CY) から DIR方向に同じ種類のアイテムがあるかをチェックするんだ

```
000486  WHILE LEN(ROUTE)>1 || DIR<4
000487   '次の隣接アイテムが同種かどうか判定する
000488   IF IS_NEW_ITEM(CX,CY,DIR) THEN
         ……中略……
000497   ELSE
000498    INC DIR
```

さっきの図だと❷の状態だね

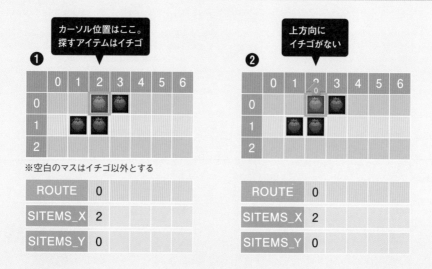

※空白のマスはイチゴ以外とする

ROUTE	0
SITEMS_X	2
SITEMS_Y	0

ROUTE	0
SITEMS_X	2
SITEMS_Y	0

ピクス

今回は上方向（DIRが0）に同じアイテムがなかったとしよう。その場合はELSEのあとに進んでDIRを1増やす。INCは「変数の値を1増やす」命令だよ

セル

DIRは向きを数字で表すから、0から1増やすと右方向になるね

そういうこと。くり返し処理の先頭にもどり、次は右方向（DIRが1）を探して同じアイテムが見つかったとしよう。図❸の状態だね。IF文の条件が満たされたので、その次の行に進んで、見つかったアイテムの位置などを配列に追加する。これが図❹と❺にあたる処理だね

```
000486  WHILE LEN(ROUTE)>1 || DIR<4
000487  '次の隣接アイテムが同種かどうか判定する
000488   IF IS_NEW_ITEM(CX,CY,DIR) THEN
000489    ROUTE[LAST(ROUTE)]=DIR  →  ROUTEの最後に現在のDIRを記録
000490    DIR2XY DIR OUT X,Y  →  DIRの方向に移動するX、Yを求める
000491    CX =CX+X  →  アイテムが見つかった方向に進む（CX、CYを更新）
```

次ページへ

```
000492  CY =CY+Y
000493  DIR=0               → 探す方向を0にする
000494  PUSH SITEMS_X,CX    → 見つかったアイテムの位置を配列に追加する
000495  PUSH SITEMS_Y,CY
000496  PUSH ROUTE,0        → ROUTEに次の探索方向(0)を入れる
000497  ELSE
000498   INC DIR
```

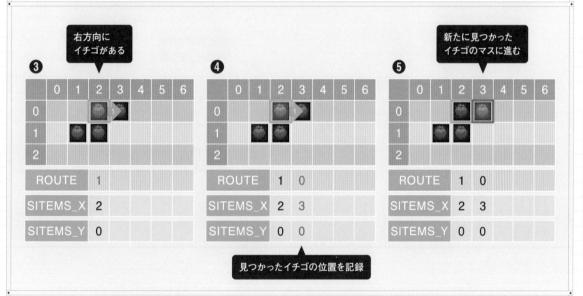

右方向に
イチゴがある

❸

	0	1	2	3	4	5	6
0			🍓▶				
1		🍓	🍓				
2							

ROUTE	1	
SITEMS_X	2	
SITEMS_Y	0	

❹

	0	1	2	3	4	5	6
0			🍓▶				
1		🍓	🍓				
2							

ROUTE	1	0
SITEMS_X	2	3
SITEMS_Y	0	0

新たに見つかった
イチゴのマスに進む

❺

	0	1	2	3	4	5	6
0			🍓	🍓			
1		🍓	🍓				
2							

ROUTE	1	0
SITEMS_X	2	3
SITEMS_Y	0	0

見つかったイチゴの位置を記録

4方向をすべて探索して、❻のように、同じアイテムが見つからなかったとしよう。この状態でDIRを1増やすと4になってしまうよね。その場合は「INC DIR」の次のWHILE文に進むよ。その中で、❼にあたる「1つ前にもどる」処理をするんだ

```
000497  ELSE
000498   INC DIR
000499   WHILE DIR>3 && LEN(ROUTE)>1
000500    T =POP(ROUTE)      → ROUTEから末尾の要素を取る
```

次ページへ

```
000501    DIR=ROUTE[LAST(ROUTE)]  → 取ったあとのROUTEの末尾の値をDIRに入れる
000502    DIR2XY DIR OUT X,Y      → DIRの方向に移動するX、Yを求める
000503    CX=CX-X                 → XとYを引くので、進むのではなくもどる
000504    CY=CY-Y
000505    INC DIR
000506    WEND
000507    ENDIF
```

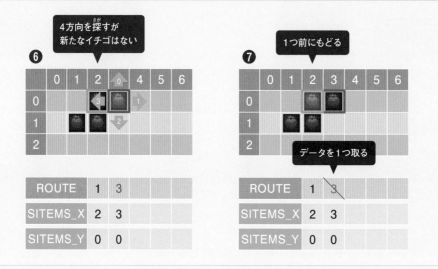

セル
進むときはXとYを足すから、XとYを引くともどるんだね

ピクス
これをくり返していくと、やがてつながっているアイテムが全部見つかるんだ

TRY!

やってみよう

2マッチパズルには「つながっている範囲」を探す、探索アルゴリズムが使われているよ。この仕組みを使って、2マッチパズル以外にどんなゲームが作れるか考えてみよう。

CHALLENGE!

応用問題

ピクス

「2MATCH.PRG」ファイルを、3 ブロック以上つながっていない
と消せないルールにしてみよう。たった 1 カ所直せばできるよ

次のプログラムを修正して、[F5] で実行しよう！

```
000364    ' ### 決定ボタンが押されたらアイテムを消す
000365    '
000366    DEF GAME_REMOVE_ITEMS
000367     '--- 消す範囲が 2 ブロック未満なら消さない
000368     IF LEN(SITEMS_X)<2 THEN RETURN
000369     '--- SEを再生
000370     BEEP #OK_SE
000371     '--- 範囲内のアイテムのスプライトを消す
000372     VAR I,SP
000373     FOR I=0 TO LAST(SITEMS_X)
000374      SP=PANEL_SPS[SITEMS_Y[I],SITEMS_X[I]]
000375      SPCOLOR SP,#C_TP
000376      SP=GRID_SPS[SITEMS_Y[I],SITEMS_X[I]]
000377      SPANIM SP,"C",-9,#C_TP,9,#C_TP,1
000378      SP=ITEM_SPS[SITEMS_Y[I],SITEMS_X[I]]
000379      SPANIM SP,"S+",-3,1.25,1.25,-6,1.5,1.5,1
000380      SPANIM SP,"C",-9,#C_TP,1
000381     NEXT
000382     RM_SP=GRID_SPS[SITEMS_Y[0],SITEMS_X[0]]
000383     '--- データ上でアイテムを消す
000384     REMOVE_ITEMS
000385     '--- 消したアイテムの上にあったものを落とす ( アニメーション )
000386     VAR X,Y,DIST
000387     FOR I=0 TO LAST(SITEMS_X)
```

解答 ☞ 225ページ

解答と解説

かいとう

INTRODUCTION

P.28 TRY! やってみよう

解説 入力モードを切りかえて、問題通りに正しく入力ができれば正解です。

CHAP. 1

P.33 TRY! やってみよう

解説 BEEP のあとの数字を 0 〜 156 の範囲で指定して、サウンドを鳴らすことができれば正解です。

P.35 TRY! やってみよう

解説 問題通りに、ダイレクトモード画面に正しく表示できれば正解です。

解答プログラム

①
```
PRINT "GOOD"
```

②
```
PRINT "THANK YOU"
```

③
```
PRINT "HOW ARE YOU?"
```

P.37 TRY! やってみよう

① 1652　② 9565　③ − 430　④ 1519

解答プログラム

①
```
PRINT   754+898
```

②
```
PRINT   5868+3697
```

③
```
PRINT   67−497
```

④
```
PRINT   2987−1468
```

P.39 TRY! やってみよう

① 271026　② 21693996　③ 7　④ 9

解答プログラム

①
```
PRINT 478*567
```

②
```
PRINT 5868*3697
```

③
```
PRINT 3983/569
```

④
```
PRINT 70731/7859
```

P.41 TRY! やってみよう

① 163　② 656　③ 15　④ 24

解答プログラム

①
```
PRINT 8698 MOD 569
```

②
```
PRINT 23984 MOD 972
```

③
```
PRINT 8698 DIV 569
```

④
```
PRINT 23984 DIV 972
```

解説 P.44 プログラムの 2 行目「VAR X=10」の数字を変えて実行し、ダイレクトモード画面に表示される計算結果が変われば正解です。

P. 49-50 　応用問題

1

① (1) BEEP　(2) VAR　(3) ＝

··

② **解説** 問題通りに、ダイレクトモード画面に正しく表示できれば正解です。

解答例

(1) `PRINT "START"`

(2) `PRINT "YOU WIN!"`

(3) `PRINT "NOW LOADING"`

(4) `PRINT "GAME CLEAR"`

··

③ かけ算をする ●　　　　　● ―
　足し算をする ●　　　　　● ＋
　わり算をする ●　　　　　● ＊
　引き算をする ●　　　　　● ／

2

① (1) MOD　(2) DIV

··

② （ ○ ）BEEP 25
　（ × ）BEEP "100"
　（ × ）PRINT HELLO WORLD
　（ ○ ）PRINT "GOOD BYE"

··

③ （ ○ ）_USER
　（ × ）5ENEMY
　（ ○ ）APPLE

（ ○ ）ITEM1

④ 45

CHAP. 2

解答例

```
ACLS
SPSET 30 OUT ID
SPOFS ID,200,120
```

解説 巻末のスプライト一覧を参考に、自分が選んだ画像を、ダイレクトモード画面の (200,120) の位置に表示できれば正解です。

解説 RND の ( ) の中に、1220 よりも小さい数字を入れると表示される画像の種類が減り、大きい数字を入れると表示される画像の種類が増えます。

なお、スプライト用の画像番号は 8191 までなので、8193 以上の数を入力すると、プログラムの実行途中でエラーになります。

解答プログラム

```
000007  IF X>=200 THEN
```

解説 7 行目の IF 文の判定条件を「変数 X が 200 以上」にすれば、200px の幅で折り返すプログラムになります。したがって、条件式を「X>=200」に修正します。

P.75 TRY! やってみよう

解答プログラム

```
000005  SPOFS ID, X MOD 200, X DIV 200*20
```

解説 5行目の、横位置を求める式を「X MOD 400」から「X MOD 200」、縦位置を求める式を「X DIV 400＊20」から「X DIV 200＊20」に修正します。

P.76 応用問題

① SPSET
② SPOFS
③ @LOOP

CHAP.3

P.83 TRY! やってみよう

解答例

```
000002  VAR Q$="すもももももももものうち"
```

P.86 TRY! やってみよう

解説 問題とちがう文字を入力すると、「OK」のみが表示されて、プログラムが終了します。

P.89 TRY! やってみよう

解説 自分の思い通りにプログラムを変更できれば正解です。

解答例

```
000009  ELSE
000010    PRINT "まちがい"
000011    BEEP 20
000012  ENDIF
```

P.95 TRY! やってみよう

解答プログラム

```
000007  PRINT Q$[2]
000008  PRINT "にゅうりょくせよ"
000009  LINPUT A$
000010  IF Q$[2]==A$ THEN
```

解説 配列 Q$ の3つ目の問題を出すには、7行目と10行目で配列のそえ字を変更する必要があります。そえ字は0から始まるので、「2」を入力します。

P.100 TRY! やってみよう

解答プログラム

```
000006  PUSH Q$,"ろうにゃくなんにょ"
000007
000008  FOR L=0 TO 3
```

解説 3～5行目の配列に問題を追加し、FOR文の終了値を2から3に変更します。そうすることで、変数Lは0から始まり3で終わるので、問題が4回連続で出るようになります。

P. 106 TRY! やってみよう

解答プログラム

```
000007  FOR I=0 TO 4
```

解説 7 行目の FOR 文の終了値を 3 から 4
に変更します。

P. 113 TRY! やってみよう

① MILLISEC()
② ST
③ 1000

P. 114 応用問題

① FOR
② TO
③ NEXT

CHAP. 4

P. 120 TRY! やってみよう

解答例

```
000005  SPSCALE ID,3,3
```

P. 122 TRY! やってみよう

解答例

```
000006  LOCATE 2,10
```

P. 133 TRY! やってみよう

① DEF
② END

P. 143-144 応用問題

① LOCATE
② VAL
③ SPSCALE

CHAP. 5

P. 153 TRY! やってみよう

解答プログラム

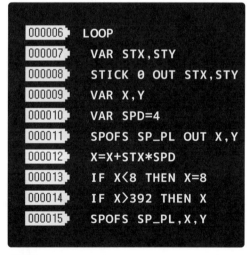

```
000006  LOOP
000007   VAR STX,STY
000008   STICK 0 OUT STX,STY
000009   VAR X,Y
000010   VAR SPD=4
000011   SPOFS SP_PL OUT X,Y
000012   X=X+STX*SPD
000013   IF X<8 THEN X=8
000014   IF X>392 THEN X
000015   SPOFS SP_PL,X,Y
```

解説 P.152 のプログラムでは、スプライ
トの横位置を変数 X、縦位置を変数 Y で指
定しています。左右だけに動くようにする場
合は、変数 Y にスティックからの入力を入
れないようにすればよいため、P.152 のプ
ログラムから 13 行目、16 行目、17 行目を
削除します。

P. 161 TRY! やってみよう

解説 プレイヤーキャラのスプライトと、いん石のスプライトの当たり判定の範囲が大きくなります。

P. 165 TRY! やってみよう

解答例

```
000006    CONST #MAX_MT=30
```

解説 6行目の定数 #MAX_MT に入れる数を大きくするといん石の数が増え、小さくするといん石の数が減ります。

P. 166 応用問題

解答プログラム

```
000031    MY=MY+3
000032    MX=MX+1
000033    SPOFS SP_MT[I],MX,MY
```

解説 いん石の横位置は変数 MX、縦位置は変数 MY で指定しています。そのため、変数 MX の数字も1ずつ増えるように変更すれば、ななめに移動するようになります。

CHAP. 6

P. 186 TRY! やってみよう

解答例

```
001507    @DT_SEQ
001508    DATA    30,"START",0
001509    DATA 60*10,"CENTER",0
001510    DATA 60*1,"STRAIGHT",0
001511    DATA     0,"CURVE",1
001512    DATA 60*1,"CURVE",0
```

解説 たとえばプログラムを上記のように変えると、カーブを描いて飛ぶ敵（CURVE）がスタート直後に画面の両側に出るようになります。

P. 195 TRY! やってみよう

①表示するキャラクター（スプライト）の種類
②体力
③攻撃力
④スコア

解説 CHR は CHARACTER（キャラクター）、HP は HIT POINT（キャラクターが打撃に耐えられる数値）、ATK は ATTACK（攻撃）、SCO は SCORE（スコア）の略です。

に修正することで、3ブロック以上つながっ
ていないと消せないようにすることができま
す。

P.196　　応用問題

解答例

```
000389  SPVAR SP,"ANGLE",SPVAR(SP,"ANGLE")+2  '角度変化
```

解説 CURVE のカーブの角度は、389 行
目のスプライト変数 "ANGLE" に記憶される
数値で指定されています。この数値を「+3」
より小さくするとカーブの角度がゆるやかに
なり、大きくすると角度が急になります。

CHAP. 7

P.208　TRY!　やってみよう

解説 39 行目の配列 TYPES の要素を増や
したり減らしたりすることで、アイテムの数
を調整することができます。
要素を追加するときは、32 × 32px サイズ
のスプライト番号を入力すれば、好きなアイ
テムを追加することができます。

P.218　TRY!　やってみよう

解答例

囲碁の対戦用 AI……置かれている石が、対
戦相手の石に上下左右囲まれているかをたし
かめることができるから。

P.219　　応用問題

解答例

```
000368  IF LEN(SITEMS_X)<3 THEN RETURN
```

解説 ブロックを消す範囲は、368 行目の「IF
LEN(SITEMS_X)<2 THEN RETURN」で指
定されています。
「IF LEN(SITEMS_X)<3 THEN RETURN」

命令一覧

命令	働き	参考ページ
ビープ BEEP	0 〜 156 の範囲で指定した音を鳴らす	P. 32
オールクリアスクリーン ACLS	画面の表示をすべて消す	P. 35
プリント PRINT	画面に文字を表示する	P. 36
バー VAR	変数を作る	P. 42
ニュー NEW	新しいファイルを作る	P. 48
スプライトセット SPSET	スプライトを表示する	P. 53
スプライトオフセット SPOFS	スプライトの表示位置を指定する	P. 56
ランド RND	乱数を作る	P. 59
ゴートゥー GOTO	指定したラベルの行に移動する	P. 60
ウェイト WAIT	プログラムを一時的に停止する	P. 70
イフ〜ゼン〜エンドイフ IF〜THEN〜ENDIF	分岐処理を作る	P. 71
エルインプット LINPUT	文字の入力を求める	P. 82
イフ〜エルス〜エンドイフ IF〜ELSE〜ENDIF	条件が成立しないときの分岐処理を作る	P. 87
ディム DIM	配列を作る	P. 91
プッシュ PUSH	配列にデータを入れる	P. 92
フォー〜トゥ〜ネクスト FOR〜TO〜NEXT	処理を指定回数くり返す	P. 97
レン LEN	配列の要素の数を取得する	P. 104
ミリセック MILLISEC	プチコン 4 を起動してから経過した時間を取得する	P. 108
エスピースケール SPSCALE	スプライトの大きさを変える	P. 118
ロケート LOCATE	文字を表示する位置を指定する	P. 121
オン〜ゴートゥー ON〜GOTO	数字で移動先のラベルを指定する	P. 126

関数

BEEP 音一覧

番号	音のイメージ
0	ビープ音
1	ノイズ音
2	エラー音
3	[はい]ボタンをおす
4	[いいえ]ボタンをおす
5	ゲージアップ
6	落下音
7	コインゲット
8	ジャンプ
9	タッチ
10	発射音
11	小さな爆発音
12	光
13	ダメージ
14	ふき飛ばし
15	タイヤのドリフト
16	バンジョー(弦楽器)①
17	電子的な弦楽器
18	電子的な金管楽器
19	電子的なベース
20	ゆがんだギター

番号	音のイメージ
21	オルガン
22	ピアノ
23	ドラム・タム(高)
24	ドラム・タム(低)
25	クラッシュシンバル(衝撃音)
26	ドラム・ハイハット(Open)①
27	ドラム・ハイハット(Close)
28	ドラム・クラップ
29	ドラム・スネアリム
30	ドラム・スネア①
31	ドラム・バスドラム①
32	だんだん消えるボタン音
33	短いボタン音
34	和風の効果音
35	電子機器のような音
36	何かが取りのぞかれるような音
37	何かが壊れたような音
38	ワープ(瞬間移動)したような音
39	バンジョー(弦楽器)②
40	スクラッチ音
41	場面転換(ギター)

42	場面転換(オルガン)	63	カッコウ(鳥)のような鳴き声
43	場面転換(ピアノ)	64	効果音「パフッ」
44	車が通りすぎるような音	65	忍者が出てくる音
45	カウントアップ音	66	ボイスパーカッション「ブン」
46	セーブ時のノイズ音	67	ボイスパーカッション「ア」
47	電子的なタム(ドラム)	68	犬の鳴き声
48	電子的なコンガ(打楽器)	69	猫の鳴き声
49	メトロノーム「カッ」	70	女の子の声「オッケー」
50	メトロノーム「チーン」	71	女の子の声「やったね!」
51	コンガ	72	女の子の声「おめでとう!」
52	ドラム・バスドラム②	73	女の子の声「バイバイ!」
53	ドラム・スネア②	74	女の子の声「いやーん」
54	ドラム・ハイハット(Open)②	75	女の子の声「きゃっ!」
55	オーケストラヒット「ジャン!」	76	女の子の声「うわーん!」
56	ティンバレス(打楽器)	77	女の子の声「わぉ!」
57	銅羅	78	女の子の声「やっほー」
58	チャッパ(日本の銅拍子)	79	水滴
59	シェイカー	80	炎
60	ベルツリー	81	ムチで叩く音
61	和太鼓	82	土砂崩れ
62	電子的なヒット音	83	カラスの鳴き声

番号	音のイメージ	番号	音のイメージ
84	カモメの鳴き声	105	軽快に何かが弾けた音
85	川が流れる音	106	だんだん消えるボタン音
86	バットでボールを打つ音	107	効果音（高→低→高）
87	ボールをキャッチする音	108	大爆発
88	観衆の落胆	109	場面転換（シンセサイザー）
89	観衆の歓声	110	ドリル音（高い）
90	拍手	111	小さな回転音
91	バトミントンのスマッシュ	112	指を鳴らす音
92	サッカーのシュート	113	結果発表（明るい）
93	小さなファン（羽）が回転する音	114	結果発表（暗い）
94	大きなファン（羽）が回転する音	115	消える音
95	土を掘る音	116	スタートボタンをおす音
96	ホイッスル（短い）	117	シューティングの発射音
97	ホイッスル（長い）	118	アイテムでパワーアップ
98	カエルの鳴き声	119	アイテムでステータスアップ
99	ドアが開く音	120	弾の発射音
100	火をつける音	121	アラート（警告音）
101	蒸気	122	ゆらいでいる効果音（だんだん長く）
102	混乱している様子（ピヨピヨ）	123	ゆらいでいる効果音（だんだん短く）
103	剣を振り下ろす（スラッシュ）	124	機械が壊れたような音
104	布などがはためく音	125	火炎放射器のような音

BEEP音の中には、プログラムを止めても音が鳴り続けるものがあります。音を止めるには、ダイレクトモード画面で「SNDSTOP」と入力し、Enterキーで実行してください。

表の見方

	画像	名前	番号	サイズ

表示される画像 ——

画像の名前

いちご　0　16,16

左の指定番号で表示される画像のサイズ(px)（横サイズ,縦サイズ）

スプライトに持たせる画像を指定する番号

●本書に掲載されている情報は、2023年11月現在のものです。●画像番号1483〜2047、3530〜4094は空き番号です。入力すると、ダミーとしていちご（0）の画像が表示されます。●画像番号2048〜3529には、0〜1246,1251〜1458,1460〜1482と同じ画像・サイズで、中心位置（画像を表示・管理する基準となる位置）が異なるものが設定されています。中心位置が異なる番号を使って初期設定の位置座標（0,0）にスプライトを呼び出すと、画面外に画像が表示されますが、SPOFS命令（P.52）で位置を指定すれば、画面内に表示することができます。本書では、位置座標（0,0）で指定した際に、画面内に画像が表示される番号を優先して掲載しています。●画像サイズが大きいものなど、初期設定の位置座標（0,0）に呼び出すと、画像全体が表示されないものがあります。その場合も、SPOFS命令で位置を指定すれば、全体を表示することができます。

画像	名前	番号	サイズ		名前	番号	サイズ		名前	番号	サイズ		名前	番号	サイズ
	いちご	0	16,16		プリン	11	16,16		緑の宝石	22	16,16		エクスクラメーション	33	16,16
		5673	32,32			5684	32,32			5695	32,32			5706	32,32
	みかん	1	16,16		ソフトクリーム	12	16,16		赤い宝石	23	16,16		ダブルクォーテーション	34	16,16
		5674	32,32			5685	32,32			5696	32,32			5707	32,32
	さくらんぼ	2	16,16		団子	13	16,16		ダイアモンド	24	16,16		シャープ	35	16,16
		5675	32,32			5686	32,32			5697	32,32			5708	32,32
	りんご	3	16,16		チョコレート	14	16,16		ピアノ	25	16,16		ドル	36	16,16
		5676	32,32			5687	32,32			5698	32,32			5709	32,32
	ぶどう	4	16,16		キャンディ	15	16,16		バンジョー	26	16,16		パーセント	37	16,16
		5677	32,32			5688	32,32			5699	32,32			5710	32,32
	バナナ	5	16,16		肉	16	16,16		ラッパ	27	16,16		アンド	38	16,16
		5678	32,32			5689	32,32			5700	32,32			5711	32,32
	スイカ	6	16,16		魚	17	16,16		ハープ	28	16,16		シングルクォーテーション	39	16,16
		5679	32,32			5690	32,32			5701	32,32			5712	32,32
	きのこ	7	16,16		薬草	18	16,16		太鼓	29	16,16		かっこ（左）	40	16,16
		5680	32,32			5691	32,32			5702	32,32			5713	32,32
	クロワッサン	8	16,16		チューリップ	19	16,16		シンバル	30	16,16		かっこ（右）	41	16,16
		5681	32,32			5692	32,32			5703	32,32			5714	32,32
	食パン	9	16,16		すずらん	20	16,16		笛	31	16,16		アスタリスク	42	16,16
		5682	32,32			5693	32,32			5704	32,32			5715	32,32
	ケーキ	10	16,16		マーガレット	21	16,16		スペース	32	16,16		プラス	43	16,16
		5683	32,32			5694	32,32			5705	32,32			5716	32,32

名前	番号	サイズ
カンマ	44	16,16
	5717	32,32
マイナス	45	16,16
	5718	32,32
ドット	46	16,16
	5719	32,32
スラッシュ	47	16,16
	5720	32,32
0	48	16,16
	5721	32,32
1	49	16,16
	5722	32,32
2	50	16,16
	5723	32,32
3	51	16,16
	5724	32,32
4	52	16,16
	5725	32,32
5	53	16,16
	5726	32,32
6	54	16,16
	5727	32,32
7	55	16,16
	5728	32,32
8	56	16,16
	5729	32,32
9	57	16,16
	5730	32,32
コロン	58	16,16
	5731	32,32
セミコロン	59	16,16
	5732	32,32
小なり	60	16,16
	5733	32,32
イコール	61	16,16
	5734	32,32
大なり	62	16,16
	5735	32,32
クエスチョン	63	16,16
	5736	32,32
アット	64	16,16
	5737	32,32
A	65	16,16
	5738	32,32
B	66	16,16
	5739	32,32
C	67	16,16
	5740	32,32
D	68	16,16
	5741	32,32
E	69	16,16
	5742	32,32
F	70	16,16
	5743	32,32
G	71	16,16
	5744	32,32
H	72	16,16
	5745	32,32
I	73	16,16
	5746	32,32
J	74	16,16
	5747	32,32
K	75	16,16
	5748	32,32
L	76	16,16
	5749	32,32
M	77	16,16
	5750	32,32
N	78	16,16
	5751	32,32
O	79	16,16
	5752	32,32
P	80	16,16
	5753	32,32
Q	81	16,16
	5754	32,32
R	82	16,16
	5755	32,32
S	83	16,16
	5756	32,32
T	84	16,16
	5757	32,32
U	85	16,16
	5758	32,32
V	86	16,16
	5759	32,32
W	87	16,16
	5760	32,32
X	88	16,16
	5761	32,32
Y	89	16,16
	5762	32,32
Z	90	16,16
	5763	32,32
大かっこ（左）	91	16,16
	5764	32,32
バックスラッシュ	92	16,16
	5765	32,32
大かっこ（右）	93	16,16
	5766	32,32
キャレット	94	16,16
	5767	32,32
アンダーバー	95	16,16
	5768	32,32
王様のカギ	96	16,16
	5769	32,32
金のカギ	97	16,16
	5770	32,32
カギ	98	8,16
	4184	16,16
	5771	16,32
コンパス	99	16,16
	5772	32,32
びん	100	16,16
	5773	32,32
赤の薬	101	16,16
	5774	32,32
黄色の薬	102	16,16
	5775	32,32
青の薬	103	16,16
	5776	32,32
シュノーケル	104	16,16
	5777	32,32
本	105	16,16
	5778	32,32
鏡	106	16,16
	5779	32,32
炎	107	16,16
	5780	32,32
氷	108	16,16
	5781	32,32
雷	109	16,16
	5782	32,32
ドル袋	110	16,16
	5783	32,32
時計	111	16,16
	5784	32,32
ピッケル0	112	16,16
	5785	32,32
ピッケル1	113	16,16
	5786	32,32
ピッケル2	114	16,16
	5787	32,32
ピッケル3	115	16,16
	5788	32,32
スコップ0	116	16,16
	5789	32,32
スコップ1	117	16,16
	5790	32,32
スコップ2	118	16,16
	5791	32,32
スコップ3	119	16,16
	5792	32,32
ピコピコハンマー0	120	16,16
	5793	32,32
ピコピコハンマー1	121	16,16
	5794	32,32
ピコピコハンマー2	122	16,16
	5795	32,32
ピコピコハンマー3	123	16,16
	5796	32,32
ブーメラン0	124	16,16
	5797	32,32
ブーメラン1	125	16,16
	5798	32,32
ブーメラン2	126	16,16
	5799	32,32
ブーメラン3	127	16,16
	5800	32,32
パチンコ0	128	16,16
	5801	32,32
パチンコ1	129	16,16
	5802	32,32
パチンコ2	130	16,16
	5803	32,32
パチンコ3	131	16,16
	5804	32,32
フック0	132	16,16
	5805	32,32
フック1	133	16,16
	5806	32,32
フック2	134	16,16
	5807	32,32
フック3	135	16,16
	5808	32,32
小さな剣0	136	8,16
	5809	16,32
小さな剣1	137	8,16
	5810	16,32
小さな剣2	138	8,16
	5811	16,32
小さな剣3	139	8,16
	5812	16,32
刀0	140	8,16
	5813	16,32
刀1	141	8,16
	5814	16,32
刀2	142	8,16
	5815	16,32
刀3	143	8,16
	5816	16,32

画像	名前	番号	サイズ
	すごい剣0	144	16,16
		5817	32,32
	すごい剣1	145	16,16
		5818	32,32
	すごい剣2	146	16,16
		5819	32,32
	すごい剣3	147	16,16
		5820	32,32
	木の杖0	148	8,16
		5821	16,32
	木の杖1	149	8,16
		5822	16,32
	木の杖2	150	8,16
		5823	16,32
	木の杖3	151	8,16
		5824	16,32
	鉄の杖0	152	8,16
		5825	16,32
	鉄の杖1	153	8,16
		5826	16,32
	鉄の杖2	154	8,16
		5827	16,32
	鉄の杖3	155	8,16
		5828	16,32
	すごい杖0	156	16,16
		5829	32,32
	すごい杖1	157	16,16
		5830	32,32
	すごい杖2	158	16,16
		5831	32,32
	すごい杖3	159	16,16
		5832	32,32
	斧0	160	16,16
		5833	32,32
	斧1	161	16,16
		5834	32,32
	斧2	162	16,16
		5835	32,32
	斧3	163	16,16
		5836	32,32
	装備用盾0	164	8,16
		5837	16,32
	装備用盾1	165	8,16
		5838	16,32
	装備用盾2	166	8,16
		5839	16,32
	装備用盾3	167	8,16
		5840	16,32
	ピストル	168	16,16
		5841	32,32

画像	名前	番号	サイズ
	弓矢	169	16,16
		5842	32,32
	木の弓0	170	16,8
		5843	32,16
	木の弓1	171	16,8
		5844	32,16
	木の弓2	172	16,8
		5845	32,16
	木の弓3	173	16,8
		5846	32,16
	鉄の弓0	174	16,8
		5847	32,16
	鉄の弓1	175	16,8
		5848	32,16
	鉄の弓2	176	16,8
		5849	32,16
	鉄の弓3	177	16,8
		5850	32,16
	矢0	178	8,16
		5851	16,32
	矢1	179	8,16
		5852	16,32
	矢2	180	8,16
		5853	16,32
	矢3	181	8,16
		5854	16,32
	手裏剣	182	16,16
		5855	32,32
	小手	183	16,16
		5856	32,32
	靴	184	16,16
		5857	32,32
	盾	185	16,16
		5858	32,32
	鎧	186	16,16
		5859	32,32
	兜	187	16,16
		5860	32,32
	フライパン0	188	16,16
		5861	32,32
	フライパン1	189	16,16
		5862	32,32
	フライパン2	190	16,16
		5863	32,32
	フライパン3	191	16,16
		5864	32,32
	泡立て器0	192	16,16
		5865	32,32
	泡立て器1	193	16,16
		5866	32,32

画像	名前	番号	サイズ
	泡立て器2	194	16,16
		5867	32,32
	泡立て器3	195	16,16
		5868	32,32
	包丁0	196	8,16
		5869	16,32
	包丁1	197	8,16
		5870	16,32
	包丁2	198	8,16
		5871	16,32
	包丁3	199	8,16
		5872	16,32
	木製スプーン0	200	8,16
		5873	16,32
	木製スプーン1	201	8,16
		5874	16,32
	木製スプーン2	202	8,16
		5875	16,32
	木製スプーン3	203	8,16
		5876	16,32
	木製フォーク0	204	8,16
		5877	16,32
	木製フォーク1	205	8,16
		5878	16,32
	木製フォーク2	206	8,16
		5879	16,32
	木製フォーク3	207	8,16
		5880	16,32
	鉛筆	208	16,16
		5881	32,32
	スポイト	209	16,16
		5882	32,32
	絵の具	210	16,16
		5883	32,32
	はさみ	211	16,16
		5884	32,32
	消しゴム	212	16,16
		5885	32,32
	バケツ	213	16,16
		5886	32,32
	16トン重り	214	16,16
		5887	32,32
	消えたろうそく	215	16,16
		5888	32,32
	ろうそく	216	16,16
		5889	32,32
	消えたランタン	217	16,16
		5890	32,32
	ランタン	218	16,16
		5891	32,32

画像	名前	番号	サイズ
	虫めがね	219	16,16
		5892	32,32
	ハート0%	220	16,16
		5893	32,32
	ハート50%	221	16,16
		5894	32,32
	ハート	222	16,16
		5895	32,32
	スペード	223	16,16
		5896	32,32
	ダイヤ	224	16,16
		5897	32,32
	クラブ	225	16,16
		5898	32,32
	星0	226	16,16
		5899	32,32
	星1	227	16,16
		5900	32,32
	星2	228	8,16
		5901	16,32
	星3	229	16,16
		5902	32,32
	コイン0	230	16,16
		5903	32,32
	コイン1	231	16,16
		5904	32,32
	コイン2	232	8,16
		5905	16,32
	コイン3	233	16,16
		5906	32,32
	風船赤	234	16,16
		5907	32,32
	風船黄色	235	16,16
		5908	32,32
	風船青	236	16,16
		5909	32,32
	風船破裂	237	16,16
		5910	32,32
	風船ひも	238	8,16
		5911	16,32
	文書	239	16,16
		5912	32,32
	フォルダ	240	16,16
		5913	32,32
	裏板	241	16,16
		5914	32,32
	土台	242	16,16
		5915	32,32
	ブロック	243	16,16
		5916	32,32

名前	番号	サイズ
消えた爆弾	244	16,16
	5917	32,32
爆弾	245	16,16
	5918	32,32
送風機0	246	16,16
	5919	32,32
送風機1	247	16,16
	5920	32,32
送風機2	248	16,16
	5921	32,32
送風機3	249	16,16
	5922	32,32
プロペラ付足場0	250	16,16
	5923	32,32
プロペラ付足場1	251	16,16
	5924	32,32
プロペラ付足場2	252	16,16
	5925	32,32
プロペラ付足場3	253	16,16
	5926	32,32
足場車_右0	254	16,16
	5927	32,32
足場車_右1	255	16,16
	5928	32,32
足場車_左0	256	16,16
	5929	32,32
足場車_左1	257	16,16
	5930	32,32
小さいトゲ0	258	8,8
	5931	16,32
小さいトゲ1	259	8,16
	5932	16,32
大きいトゲ0	260	16,16
	5933	32,32
大きいトゲ1	261	16,16
	5934	32,32
岩	262	16,16
	5935	32,32
壊れる岩0	263	16,16
	5936	32,32
壊れる岩1	264	16,16
	5937	32,32
ツボ	265	16,16
	5938	32,32
壊れるツボ0	266	16,16
	5939	32,32
壊れるツボ1	267	16,16
	5940	32,32
空いた宝箱	268	16,16
	5941	32,32

名前	番号	サイズ
閉じた宝箱	269	16,16
	5942	32,32
リュックサック	270	16,16
	5943	32,32
カバン	271	16,16
	5944	32,32
ハシゴ縦	272	16,16
	5945	32,32
ハシゴ横	273	16,16
	5946	32,32
足跡右	274	16,16
	5947	32,32
足跡左	275	16,16
	5948	32,32
リバーシコマ0	276	16,16
	5949	32,32
リバーシコマ1	277	16,16
	5950	32,32
リバーシコマ2	278	8,16
	5951	16,32
リバーシコマ3	279	16,16
	5952	32,32
リバーシコマ4	280	16,16
	5953	32,32
サイコロ0	281	16,16
	5954	32,32
サイコロ1	282	16,16
	5955	32,32
サイコロ2	283	16,16
	5956	32,32
サイコロ3	284	16,16
	5957	32,32
サイコロ4	285	16,16
	5958	32,32
サイコロ5	286	16,16
	5959	32,32
じゃんけん_ぐー	287	16,16
	5960	32,32
じゃんけん_ちょき	288	16,16
	5961	32,32
じゃんけん_ぱー	289	16,16
	5962	32,32
指カーソル0	290	16,16
	5963	32,32
指カーソル1	291	16,16
	5964	32,32
指カーソル2	292	16,16
	5965	32,32
指カーソル3	293	16,16
	5966	32,32

名前	番号	サイズ
三角カーソル0	294	16,16
	5967	32,32
三角カーソル1	295	16,16
	5968	32,32
三角カーソル2	296	16,16
	5969	32,32
三角カーソル3	297	16,16
	5970	32,32
四角カーソル	298	16,16
	5971	32,32
照準カーソル	299	16,16
	5972	32,32
三角印0	300	16,8
	5973	32,16
三角印1	301	16,8
	5974	32,16
三角印2	302	16,8
	5975	32,16
三角印3	303	16,8
	5976	32,16
旗	304	16,16
	5977	32,32
注意マーク	305	16,16
	5978	32,32
ガラス箱0	306	16,16
	5979	32,32
ガラス箱1	307	16,16
	5980	32,32
ガラス箱2	308	16,16
	5981	32,32
ガラス箱3	309	16,16
	5982	32,32
パズル玉0	310	16,16
	5983	32,32
パズル玉1	311	16,16
	5984	32,32
パズル玉消える0	312	16,16
	5985	32,32
パズル玉消える1	313	16,16
	5986	32,32
パズル玉頑固	314	16,16
	5987	32,32
バット0	315	8,16
	5988	16,32
バット1	316	8,16
	5989	16,32
バット2	317	8,16
	5990	16,32
バット3	318	8,16
	5991	16,32

名前	番号	サイズ
ゴルフクラブ0	319	8,16
	5992	16,32
ゴルフクラブ1	320	8,16
	5993	16,32
ゴルフクラブ2	321	8,16
	5994	16,32
ゴルフクラブ3	322	8,16
	5995	16,32
卓球ラケット0	323	16,16
	5996	32,32
卓球ラケット1	324	16,16
	5997	32,32
卓球ラケット2	325	16,16
	5998	32,32
卓球ラケット3	326	16,16
	5999	32,32
野球グローブ0	327	16,16
	6000	32,32
野球グローブ1	328	16,16
	6001	32,32
野球グローブ2	329	16,16
	6002	32,32
野球グローブ3	330	16,16
	6003	32,32
ラケット0	331	16,16
	6004	32,32
ラケット1	332	16,16
	6005	32,32
ラケット2	333	16,16
	6006	32,32
ラケット3	334	16,16
	6007	32,32
サッカーボール	335	16,16
	6008	32,32
シャトル	336	16,16
	6009	32,32
野球ボール	337	16,16
	6010	32,32
バレーボール	338	16,16
	6011	32,32
バスケットボール	339	16,16
	6012	32,32
テニスボール	340	16,16
	6013	32,32
ダーツ	341	16,16
	6014	32,32
ハテナマーク	342	16,16
	6015	32,32
ビックリマーク	343	16,16
	6016	32,32

名前	番号	サイズ	名前	番号	サイズ	名前	番号	サイズ	名前	番号	サイズ
ボウリング玉0	344	16,16	波0	369	16,8	カエル_歩く1	394	16,16	クモ2	419	16,16
	6017	32,32		6042	32,16		6067	32,32		6092	32,32
ボウリング玉1	345	16,16	波1	370	16,8	カエル_歩く2	395	16,16	クモ3	420	16,16
	6018	32,32		6043	32,16		6068	32,32		6093	32,32
ボウリングピン	346	8,16	波2	371	16,8	カエル_歩く3	396	16,16	クモ4	421	16,16
	6019	16,32		6044	32,16		6069	32,32		6094	32,32
車_青0	347	16,16	波2	372	16,8	カエル_歩く4	397	16,16	クモ5	422	16,16
	6020	32,32		6045	32,16		6070	32,32		6095	32,32
車_青1	348	16,16	ボート_青0	373	16,16	カエル_歩く5	398	16,16	クモ6	423	16,16
	6021	32,32		6046	32,32		6071	32,32		6096	32,32
車_青2	349	16,16	ボート_青1	374	16,16	カエル_歩く6	399	16,16	クモ7	424	16,16
	6022	32,32		6047	32,32		6072	32,32		6097	32,32
車_青3	350	16,16	ボート_青2	375	16,16	カエル_歩く7	400	16,16	ネズミ0	425	16,16
	6023	32,32		6048	32,32		6073	32,32		6098	32,32
車_赤0	351	16,16	ボート_青3	376	16,16	カエル_跳ぶ0	401	16,16	ネズミ1	426	16,16
	6024	32,32		6049	32,32		6074	32,32		6099	32,32
車_赤1	352	16,16	ボート_赤0	377	16,16	カエル_跳ぶ1	402	16,16	ネズミ2	427	16,16
	6025	32,32		6050	32,32		6075	32,32		6100	32,32
車_赤2	353	16,16	ボート_赤1	378	16,16	カエル_跳ぶ2	403	16,16	ネズミ3	428	16,16
	6026	32,32		6051	32,32		6076	32,32		6101	32,32
車_赤3	354	16,16	ボート_赤2	379	16,16	カエル_跳ぶ3	404	16,16	ネズミ4	429	16,16
	6027	32,32		6052	32,32		6077	32,32		6102	32,32
車_黄色0	355	16,16	ボート_赤3	380	16,16	クラゲ0	405	16,16	ネズミ5	430	16,16
	6028	32,32		6053	32,32		6078	32,32		6103	32,32
車_黄色1	356	16,16	ボート_黄色0	381	16,16	クラゲ1	406	16,16	ネズミ6	431	16,16
	6029	32,32		6054	32,32		6079	32,32		6104	32,32
車_黄色2	357	16,16	ボート_黄色1	382	16,16	クラゲ2	407	16,16	ネズミ7	432	16,16
	6030	32,32		6055	32,32		6080	32,32		6105	32,32
車_黄色3	358	16,16	ボート_黄色2	383	16,16	クラゲ3	408	16,16	ゴキブリ0	433	16,16
	6031	32,32		6056	32,32		6081	32,32		6106	32,32
車_緑0	359	16,16	ボート_黄色3	384	16,16	クラゲ4	409	16,16	ゴキブリ1	434	16,16
	6032	32,32		6057	32,32		6082	32,32		6107	32,32
車_緑1	360	16,16	ボート_緑0	385	16,16	クラゲ5	410	16,16	ゴキブリ2	435	16,16
	6033	32,32		6058	32,32		6083	32,32		6108	32,32
車_緑2	361	16,16	ボート_緑1	386	16,16	クラゲ6	411	16,16	ゴキブリ3	436	16,16
	6034	32,32		6059	32,32		6084	32,32		6109	32,32
車_緑3	362	16,16	ボート_緑2	387	16,16	クラゲ7	412	16,16	ハチ0	437	16,16
	6035	32,32		6060	32,32		6085	32,32		6110	32,32
コーン	363	16,16	ボート_緑3	388	16,16	魚_右0	413	16,16	ハチ1	438	16,16
	6036	32,32		6061	32,32		6086	32,32		6111	32,32
チェッカーフラッグ	364	16,16	カエル0	389	16,16	魚_右1	414	16,16	ハチ2	439	16,16
	6037	32,32		6062	32,32		6087	32,32		6112	32,32
船0	365	16,16	カエル1	390	16,16	魚_左0	415	16,16	ハチ3	440	16,16
	6038	32,32		6063	32,32		6088	32,32		6113	32,32
船1	366	16,16	カエル2	391	16,16	魚_左1	416	16,16	ちょうちょ0	441	16,16
	6039	32,32		6064	32,32		6089	32,32		6114	32,32
船2	367	16,16	カエル3	392	16,16	クモ0	417	16,16	ちょうちょ1	442	16,16
	6040	32,32		6065	32,32		6090	32,32		6115	32,32
船3	368	16,16	カエル_歩く0	393	16,16	クモ1	418	16,16	ちょうちょ2	443	16,16
	6041	32,32		6066	32,32		6091	32,32		6116	32,32

画像	名前	番号	サイズ
	ちょうちょ3	444	16,16
		6117	32,32
	1 UP	445	16,16
		6118	32,32
	音符0	446	8,16
		6119	16,32
	音符1	447	8,16
		6120	16,32
	音符2	448	8,16
		6121	16,32
	音符3	449	8,16
		6122	16,32
	音符4	450	8,16
		6123	16,32
	音符5	451	8,16
		6124	16,32
	星座0	452	16,16
		6125	32,32
	星座1	453	16,16
		6126	32,32
	星座2	454	16,16
		6127	32,32
	星座3	455	16,16
		6128	32,32
	星座4	456	16,16
		6129	32,32
	星座5	457	16,16
		6130	32,32
	星座6	458	16,16
		6131	32,32
	星座7	459	16,16
		6132	32,32
	星座8	460	16,16
		6133	32,32
	星座9	461	16,16
		6134	32,32
	星座10	462	16,16
		6135	32,32
	星座11	463	16,16
		6136	32,32
	戦士_攻撃0	464	16,16
		6137	32,32
	戦士_攻撃1	465	16,16
		6138	32,32
	戦士_攻撃2	466	16,16
		6139	32,32
	戦士_攻撃3	467	16,16
		6140	32,32
	戦士_ダメージ0	468	16,16
		6141	32,32

画像	名前	番号	サイズ
	戦士_ダメージ1	469	16,16
		6142	32,32
	戦士_ダメージ2	470	16,16
		6143	32,32
	戦士_ダメージ3	471	16,16
		6144	32,32
	魔女_攻撃0	472	16,16
		6145	32,32
	魔女_攻撃1	473	16,16
		6146	32,32
	魔女_攻撃2	474	16,16
		6147	32,32
	魔女_攻撃3	475	16,16
		6148	32,32
	魔女_ダメージ0	476	16,16
		6149	32,32
	魔女_ダメージ1	477	16,16
		6150	32,32
	魔女_ダメージ2	478	16,16
		6151	32,32
	魔女_ダメージ3	479	16,16
		6152	32,32
	僧侶_攻撃0	480	16,16
		6153	32,32
	僧侶_攻撃1	481	16,16
		6154	32,32
	僧侶_攻撃2	482	16,16
		6155	32,32
	僧侶_攻撃3	483	16,16
		6156	32,32
	僧侶_ダメージ0	484	16,16
		6157	32,32
	僧侶_ダメージ1	485	16,16
		6158	32,32
	僧侶_ダメージ2	486	16,16
		6159	32,32
	僧侶_ダメージ3	487	16,16
		6160	32,32
	盗賊_攻撃0	488	16,16
		6161	32,32
	盗賊_攻撃1	489	16,16
		6162	32,32
	盗賊_攻撃2	490	16,16
		6163	32,32
	盗賊_攻撃3	491	16,16
		6164	32,32
	盗賊_ダメージ0	492	16,16
		6165	32,32
	盗賊_ダメージ1	493	16,16
		6166	32,32

画像	名前	番号	サイズ
	盗賊_ダメージ2	494	16,16
		6167	32,32
	盗賊_ダメージ3	495	16,16
		6168	32,32
	戦士_歩き_右0	496	16,16
		6169	32,32
	戦士_歩き_右1	497	16,16
		6170	32,32
	戦士_歩き_右2	498	16,16
		6171	32,32
	戦士_歩き_右3	499	16,16
		6172	32,32
	戦士_歩き_下0	500	16,16
		6173	32,32
	戦士_歩き_下1	501	16,16
		6174	32,32
	戦士_歩き_下2	502	16,16
		6175	32,32
	戦士_歩き_下3	503	16,16
		6176	32,32
	戦士_歩き_左0	504	16,16
		6177	32,32
	戦士_歩き_左1	505	16,16
		6178	32,32
	戦士_歩き_左2	506	16,16
		6179	32,32
	戦士_歩き_左3	507	16,16
		6180	32,32
	戦士_歩き_上0	508	16,16
		6181	32,32
	戦士_歩き_上1	509	16,16
		6182	32,32
	戦士_歩き_上2	510	16,16
		6183	32,32
	戦士_歩き_上3	511	16,16
		6184	32,32
	戦士_やられ_0	512	16,16
		6185	32,32
	戦士_やられ_1	513	16,16
		6186	32,32
	戦士_やられ_2	514	16,16
		6187	32,32
	戦士_やられ_3	515	16,16
		6188	32,32
	魔女_歩き_右0	516	16,16
		6189	32,32
	魔女_歩き_右1	517	16,16
		6190	32,32
	魔女_歩き_右2	518	16,16
		6191	32,32

画像	名前	番号	サイズ
	魔女_歩き_右3	519	16,16
		6192	32,32
	魔女_歩き_下0	520	16,16
		6193	32,32
	魔女_歩き_下1	521	16,16
		6194	32,32
	魔女_歩き_下2	522	16,16
		6195	32,32
	魔女_歩き_下3	523	16,16
		6196	32,32
	魔女_歩き_左0	524	16,16
		6197	32,32
	魔女_歩き_左1	525	16,16
		6198	32,32
	魔女_歩き_左2	526	16,16
		6199	32,32
	魔女_歩き_左3	527	16,16
		6200	32,32
	魔女_歩き_上0	528	16,16
		6201	32,32
	魔女_歩き_上1	529	16,16
		6202	32,32
	魔女_歩き_上2	530	16,16
		6203	32,32
	魔女_歩き_上3	531	16,16
		6204	32,32
	魔女_やられ_0	532	16,16
		6205	32,32
	魔女_やられ_1	533	16,16
		6206	32,32
	魔女_やられ_2	534	16,16
		6207	32,32
	魔女_やられ_3	535	16,16
		6208	32,32
	僧侶_歩き_右0	536	16,16
		6209	32,32
	僧侶_歩き_右1	537	16,16
		6210	32,32
	僧侶_歩き_右2	538	16,16
		6211	32,32
	僧侶_歩き_右3	539	16,16
		6212	32,32
	僧侶_歩き_下0	540	16,16
		6213	32,32
	僧侶_歩き_下1	541	16,16
		6214	32,32
	僧侶_歩き_下2	542	16,16
		6215	32,32
	僧侶_歩き_下3	543	16,16
		6216	32,32

名前	番号	サイズ
僧侶_歩き_左0	544	16,16
	6217	32,32
僧侶_歩き_左1	545	16,16
	6218	32,32
僧侶_歩き_左2	546	16,16
	6219	32,32
僧侶_歩き_左3	547	16,16
	6220	32,32
僧侶_歩き_上0	548	16,16
	6221	32,32
僧侶_歩き_上1	549	16,16
	6222	32,32
僧侶_歩き_上2	550	16,16
	6223	32,32
僧侶_歩き_上3	551	16,16
	6224	32,32
僧侶_やられ_0	552	16,16
	6225	32,32
僧侶_やられ_1	553	16,16
	6226	32,32
僧侶_やられ_2	554	16,16
	6227	32,32
僧侶_やられ_3	555	16,16
	6228	32,32
盗賊_歩き_右0	556	16,16
	6229	32,32
盗賊_歩き_右1	557	16,16
	6230	32,32
盗賊_歩き_右2	558	16,16
	6231	32,32
盗賊_歩き_右3	559	16,16
	6232	32,32
盗賊_歩き_下0	560	16,16
	6233	32,32
盗賊_歩き_下1	561	16,16
	6234	32,32
盗賊_歩き_下2	562	16,16
	6235	32,32
盗賊_歩き_下3	563	16,16
	6236	32,32
盗賊_歩き_左0	564	16,16
	6237	32,32
盗賊_歩き_左1	565	16,16
	6238	32,32
盗賊_歩き_左2	566	16,16
	6239	32,32
盗賊_歩き_左3	567	16,16
	6240	32,32
盗賊_歩き_上0	568	16,16
	6241	32,32
盗賊_歩き_上1	569	16,16
	6242	32,32
盗賊_歩き_上2	570	16,16
	6243	32,32
盗賊_歩き_上3	571	16,16
	6244	32,32
盗賊_やられ_0	572	16,16
	6245	32,32
盗賊_やられ_1	573	16,16
	6246	32,32
盗賊_やられ_2	574	16,16
	6247	32,32
盗賊_やられ_3	575	16,16
	6248	32,32
王様_歩き_右0	576	16,16
	6249	32,32
王様_歩き_右1	577	16,16
	6250	32,32
王様_歩き_右2	578	16,16
	6251	32,32
王様_歩き_右3	579	16,16
	6252	32,32
王様_歩き_下0	580	16,16
	6253	32,32
王様_歩き_下1	581	16,16
	6254	32,32
王様_歩き_下2	582	16,16
	6255	32,32
王様_歩き_下3	583	16,16
	6256	32,32
王様_歩き_左0	584	16,16
	6257	32,32
王様_歩き_左1	585	16,16
	6258	32,32
王様_歩き_左2	586	16,16
	6259	32,32
王様_歩き_左3	587	16,16
	6260	32,32
王様_歩き_上0	588	16,16
	6261	32,32
王様_歩き_上1	589	16,16
	6262	32,32
王様_歩き_上2	590	16,16
	6263	32,32
王様_歩き_上3	591	16,16
	6264	32,32
王様_やられ_0	592	16,16
	6265	32,32
王様_やられ_1	593	16,16
	6266	32,32
王様_やられ_2	594	16,16
	6267	32,32
王様_やられ_3	595	16,16
	6268	32,32
姫様_歩き_右0	596	16,16
	6269	32,32
姫様_歩き_右1	597	16,16
	6270	32,32
姫様_歩き_右2	598	16,16
	6271	32,32
姫様_歩き_右3	599	16,16
	6272	32,32
姫様_歩き_下0	600	16,16
	6273	32,32
姫様_歩き_下1	601	16,16
	6274	32,32
姫様_歩き_下2	602	16,16
	6275	32,32
姫様_歩き_下3	603	16,16
	6276	32,32
姫様_歩き_左0	604	16,16
	6277	32,32
姫様_歩き_左1	605	16,16
	6278	32,32
姫様_歩き_左2	606	16,16
	6279	32,32
姫様_歩き_左3	607	16,16
	6280	32,32
姫様_歩き_上0	608	16,16
	6281	32,32
姫様_歩き_上1	609	16,16
	6282	32,32
姫様_歩き_上2	610	16,16
	6283	32,32
姫様_歩き_上3	611	16,16
	6284	32,32
姫様_やられ_0	612	16,16
	6285	32,32
姫様_やられ_1	613	16,16
	6286	32,32
姫様_やられ_2	614	16,16
	6287	32,32
姫様_やられ_3	615	16,16
	6288	32,32
忍者_歩き_右0	616	16,16
	6289	32,32
忍者_歩き_右1	617	16,16
	6290	32,32
忍者_歩き_右2	618	16,16
	6291	32,32
忍者_歩き_右3	619	16,16
	6292	32,32
忍者_歩き_下0	620	16,16
	6293	32,32
忍者_歩き_下1	621	16,16
	6294	32,32
忍者_歩き_下2	622	16,16
	6295	32,32
忍者_歩き_下3	623	16,16
	6296	32,32
忍者_歩き_左0	624	16,16
	6297	32,32
忍者_歩き_左1	625	16,16
	6298	32,32
忍者_歩き_左2	626	16,16
	6299	32,32
忍者_歩き_左3	627	16,16
	6300	32,32
忍者_歩き_上0	628	16,16
	6301	32,32
忍者_歩き_上1	629	16,16
	6302	32,32
忍者_歩き_上2	630	16,16
	6303	32,32
忍者_歩き_上3	631	16,16
	6304	32,32
忍者_やられ_0	632	16,16
	6305	32,32
忍者_やられ_1	633	16,16
	6306	32,32
忍者_やられ_2	634	16,16
	6307	32,32
忍者_やられ_3	635	16,16
	6308	32,32
くノ一_歩き_右0	636	16,16
	6309	32,32
くノ一_歩き_右1	637	16,16
	6310	32,32
くノ一_歩き_右2	638	16,16
	6311	32,32
くノ一_歩き_右3	639	16,16
	6312	32,32
くノ一_歩き_下0	640	16,16
	6313	32,32
くノ一_歩き_下1	641	16,16
	6314	32,32
くノ一_歩き_下2	642	16,16
	6315	32,32
くノ一_歩き_下3	643	16,16
	6316	32,32

画像	名前	番号	サイズ
	くノ一_歩き_左0	644	16,16
		6317	32,32
	くノ一_歩き_左1	645	16,16
		6318	32,32
	くノ一_歩き_左2	646	16,16
		6319	32,32
	くノ一_歩き_左3	647	16,16
		6320	32,32
	くノ一_歩き_上0	648	16,16
		6321	32,32
	くノ一_歩き_上1	649	16,16
		6322	32,32
	くノ一_歩き_上2	650	16,16
		6323	32,32
	くノ一_歩き_上3	651	16,16
		6324	32,32
	くノ一_やられ_0	652	16,16
		6325	32,32
	くノ一_やられ_1	653	16,16
		6326	32,32
	くノ一_やられ_2	654	16,16
		6327	32,32
	くノ一_やられ_3	655	16,16
		6328	32,32
	白騎士_歩き_右0	656	16,16
		6329	32,32
	白騎士_歩き_右1	657	16,16
		6330	32,32
	白騎士_歩き_右2	658	16,16
		6331	32,32
	白騎士_歩き_右3	659	16,16
		6332	32,32
	白騎士_歩き_下0	660	16,16
		6333	32,32
	白騎士_歩き_下1	661	16,16
		6334	32,32
	白騎士_歩き_下2	662	16,16
		6335	32,32
	白騎士_歩き_下3	663	16,16
		6336	32,32
	白騎士_歩き_左0	664	16,16
		6337	32,32
	白騎士_歩き_左1	665	16,16
		6338	32,32
	白騎士_歩き_左2	666	16,16
		6339	32,32
	白騎士_歩き_左3	667	16,16
		6340	32,32
	白騎士_歩き_上0	668	16,16
		6341	32,32
	白騎士_歩き_上1	669	16,16
		6342	32,32
	白騎士_歩き_上2	670	16,16
		6343	32,32
	白騎士_歩き_上3	671	16,16
		6344	32,32
	白騎士_やられ_0	672	16,16
		6345	32,32
	白騎士_やられ_1	673	16,16
		6346	32,32
	白騎士_やられ_2	674	16,16
		6347	32,32
	白騎士_やられ_3	675	16,16
		6348	32,32
	黒騎士_歩き_右0	676	16,16
		6349	32,32
	黒騎士_歩き_右1	677	16,16
		6350	32,32
	黒騎士_歩き_右2	678	16,16
		6351	32,32
	黒騎士_歩き_右3	679	16,16
		6352	32,32
	黒騎士_歩き_下0	680	16,16
		6353	32,32
	黒騎士_歩き_下1	681	16,16
		6354	32,32
	黒騎士_歩き_下2	682	16,16
		6355	32,32
	黒騎士_歩き_下3	683	16,16
		6356	32,32
	黒騎士_歩き_左0	684	16,16
		6357	32,32
	黒騎士_歩き_左1	685	16,16
		6358	32,32
	黒騎士_歩き_左2	686	16,16
		6359	32,32
	黒騎士_歩き_左3	687	16,16
		6360	32,32
	黒騎士_歩き_上0	688	16,16
		6361	32,32
	黒騎士_歩き_上1	689	16,16
		6362	32,32
	黒騎士_歩き_上2	690	16,16
		6363	32,32
	黒騎士_歩き_上3	691	16,16
		6364	32,32
	黒騎士_やられ_0	692	16,16
		6365	32,32
	黒騎士_やられ_1	693	16,16
		6366	32,32
	黒騎士_やられ_2	694	16,16
		6367	32,32
	黒騎士_やられ_3	695	16,16
		6368	32,32
	兵士_歩き_右0	696	16,16
		6369	32,32
	兵士_歩き_右1	697	16,16
		6370	32,32
	兵士_歩き_右2	698	16,16
		6371	32,32
	兵士_歩き_右3	699	16,16
		6372	32,32
	兵士_歩き_下0	700	16,16
		6373	32,32
	兵士_歩き_下1	701	16,16
		6374	32,32
	兵士_歩き_下2	702	16,16
		6375	32,32
	兵士_歩き_下3	703	16,16
		6376	32,32
	兵士_歩き_左0	704	16,16
		6377	32,32
	兵士_歩き_左1	705	16,16
		6378	32,32
	兵士_歩き_左2	706	16,16
		6379	32,32
	兵士_歩き_左3	707	16,16
		6380	32,32
	兵士_歩き_上0	708	16,16
		6381	32,32
	兵士_歩き_上1	709	16,16
		6382	32,32
	兵士_歩き_上2	710	16,16
		6383	32,32
	兵士_歩き_上3	711	16,16
		6384	32,32
	兵士_やられ_0	712	16,16
		6385	32,32
	兵士_やられ_1	713	16,16
		6386	32,32
	兵士_やられ_2	714	16,16
		6387	32,32
	兵士_やられ_3	715	16,16
		6388	32,32
	メイド_歩き_右0	716	16,16
		6389	32,32
	メイド_歩き_右1	717	16,16
		6390	32,32
	メイド_歩き_右2	718	16,16
		6391	32,32
	メイド_歩き_右3	719	16,16
		6392	32,32
	メイド_歩き_下0	720	16,16
		6393	32,32
	メイド_歩き_下1	721	16,16
		6394	32,32
	メイド_歩き_下2	722	16,16
		6395	32,32
	メイド_歩き_下3	723	16,16
		6396	32,32
	メイド_歩き_左0	724	16,16
		6397	32,32
	メイド_歩き_左1	725	16,16
		6398	32,32
	メイド_歩き_左2	726	16,16
		6399	32,32
	メイド_歩き_左3	727	16,16
		6400	32,32
	メイド_歩き_上0	728	16,16
		6401	32,32
	メイド_歩き_上1	729	16,16
		6402	32,32
	メイド_歩き_上2	730	16,16
		6403	32,32
	メイド_歩き_上3	731	16,16
		6404	32,32
	メイド_やられ_0	732	16,16
		6405	32,32
	メイド_やられ_1	733	16,16
		6406	32,32
	メイド_やられ_2	734	16,16
		6407	32,32
	メイド_やられ_3	735	16,16
		6408	32,32
	お兄さん_歩き_右0	736	16,16
		6409	32,32
	お兄さん_歩き_右1	737	16,16
		6410	32,32
	お兄さん_歩き_右2	738	16,16
		6411	32,32
	お兄さん_歩き_右3	739	16,16
		6412	32,32
	お兄さん_歩き_下0	740	16,16
		6413	32,32
	お兄さん_歩き_下1	741	16,16
		6414	32,32
	お兄さん_歩き_下2	742	16,16
		6415	32,32
	お兄さん_歩き_下3	743	16,16
		6416	32,32

スプライト画像(がぞう)一覧(いちらん)

画像	名前	番号	サイズ
	お兄さん_歩き_左0	744 6417	16,16 32,32
	お兄さん_歩き_左1	745 6418	16,16 32,32
	お兄さん_歩き_左2	746 6419	16,16 32,32
	お兄さん_歩き_左3	747 6420	16,16 32,32
	お兄さん_歩き_上0	748 6421	16,16 32,32
	お兄さん_歩き_上1	749 6422	16,16 32,32
	お兄さん_歩き_上2	750 6423	16,16 32,32
	お兄さん_歩き_上3	751 6424	16,16 32,32
	お兄さん_やられ_0	752 6425	16,16 32,32
	お兄さん_やられ_1	753 6426	16,16 32,32
	お兄さん_やられ_2	754 6427	16,16 32,32
	お兄さん_やられ_3	755 6428	16,16 32,32
	お姉さん_歩き_右0	756 6429	16,16 32,32
	お姉さん_歩き_右1	757 6430	16,16 32,32
	お姉さん_歩き_右2	758 6431	16,16 32,32
	お姉さん_歩き_右3	759 6432	16,16 32,32
	お姉さん_歩き_下0	760 6433	16,16 32,32
	お姉さん_歩き_下1	761 6434	16,16 32,32
	お姉さん_歩き_下2	762 6435	16,16 32,32
	お姉さん_歩き_下3	763 6436	16,16 32,32
	お姉さん_歩き_左0	764 6437	16,16 32,32
	お姉さん_歩き_左1	765 6438	16,16 32,32
	お姉さん_歩き_左2	766 6439	16,16 32,32
	お姉さん_歩き_左3	767 6440	16,16 32,32
	お姉さん_歩き_上0	768 6441	16,16 32,32
	お姉さん_歩き_上1	769 6442	16,16 32,32
	お姉さん_歩き_上2	770 6443	16,16 32,32
	お姉さん_歩き_上3	771 6444	16,16 32,32
	お姉さん_やられ_0	772 6445	16,16 32,32
	お姉さん_やられ_1	773 6446	16,16 32,32
	お姉さん_やられ_2	774 6447	16,16 32,32
	お姉さん_やられ_3	775 6448	16,16 32,32
	お爺さん_歩き_右0	776 6449	16,16 32,32
	お爺さん_歩き_右1	777 6450	16,16 32,32
	お爺さん_歩き_右2	778 6451	16,16 32,32
	お爺さん_歩き_右3	779 6452	16,16 32,32
	お爺さん_歩き_下0	780 6453	16,16 32,32
	お爺さん_歩き_下1	781 6454	16,16 32,32
	お爺さん_歩き_下2	782 6455	16,16 32,32
	お爺さん_歩き_下3	783 6456	16,16 32,32
	お爺さん_歩き_左0	784 6457	16,16 32,32
	お爺さん_歩き_左1	785 6458	16,16 32,32
	お爺さん_歩き_左2	786 6459	16,16 32,32
	お爺さん_歩き_左3	787 6460	16,16 32,32
	お爺さん_歩き_上0	788 6461	16,16 32,32
	お爺さん_歩き_上1	789 6462	16,16 32,32
	お爺さん_歩き_上2	790 6463	16,16 32,32
	お爺さん_歩き_上3	791 6464	16,16 32,32
	お爺さん_やられ_0	792 6465	16,16 32,32
	お爺さん_やられ_1	793 6466	16,16 32,32
	お爺さん_やられ_2	794 6467	16,16 32,32
	お爺さん_やられ_3	795 6468	16,16 32,32
	お婆さん_歩き_右0	796 6469	16,16 32,32
	お婆さん_歩き_右1	797 6470	16,16 32,32
	お婆さん_歩き_右2	798 6471	16,16 32,32
	お婆さん_歩き_右3	799 6472	16,16 32,32
	お婆さん_歩き_下0	800 6473	16,16 32,32
	お婆さん_歩き_下1	801 6474	16,16 32,32
	お婆さん_歩き_下2	802 6475	16,16 32,32
	お婆さん_歩き_下3	803 6476	16,16 32,32
	お婆さん_歩き_左0	804 6477	16,16 32,32
	お婆さん_歩き_左1	805 6478	16,16 32,32
	お婆さん_歩き_左2	806 6479	16,16 32,32
	お婆さん_歩き_左3	807 6480	16,16 32,32
	お婆さん_歩き_上0	808 6481	16,16 32,32
	お婆さん_歩き_上1	809 6482	16,16 32,32
	お婆さん_歩き_上2	810 6483	16,16 32,32
	お婆さん_歩き_上3	811 6484	16,16 32,32
	お婆さん_やられ_0	812 6485	16,16 32,32
	お婆さん_やられ_1	813 6486	16,16 32,32
	お婆さん_やられ_2	814 6487	16,16 32,32
	お婆さん_やられ_3	815 6488	16,16 32,32
	男の子_歩き_右0	816 6489	16,16 32,32
	男の子_歩き_右1	817 6490	16,16 32,32
	男の子_歩き_右2	818 6491	16,16 32,32
	男の子_歩き_右3	819 6492	16,16 32,32
	男の子_歩き_下0	820 6493	16,16 32,32
	男の子_歩き_下1	821 6494	16,16 32,32
	男の子_歩き_下2	822 6495	16,16 32,32
	男の子_歩き_下3	823 6496	16,16 32,32
	男の子_歩き_左0	824 6497	16,16 32,32
	男の子_歩き_左1	825 6498	16,16 32,32
	男の子_歩き_左2	826 6499	16,16 32,32
	男の子_歩き_左3	827 6500	16,16 32,32
	男の子_歩き_上0	828 6501	16,16 32,32
	男の子_歩き_上1	829 6502	16,16 32,32
	男の子_歩き_上2	830 6503	16,16 32,32
	男の子_歩き_上3	831 6504	16,16 32,32
	男の子_やられ_0	832 6505	16,16 32,32
	男の子_やられ_1	833 6506	16,16 32,32
	男の子_やられ_2	834 6507	16,16 32,32
	男の子_やられ_3	835 6508	16,16 32,32
	女の子_歩き_右0	836 6509	16,16 32,32
	女の子_歩き_右1	837 6510	16,16 32,32
	女の子_歩き_右2	838 6511	16,16 32,32
	女の子_歩き_右3	839 6512	16,16 32,32
	女の子_歩き_下0	840 6513	16,16 32,32
	女の子_歩き_下1	841 6514	16,16 32,32
	女の子_歩き_下2	842 6515	16,16 32,32
	女の子_歩き_下3	843 6516	16,16 32,32

名前	番号	サイズ
女の子_歩き_左0	844	16,16
	6517	32,32
女の子_歩き_左1	845	16,16
	6518	32,32
女の子_歩き_左2	846	16,16
	6519	32,32
女の子_歩き_左3	847	16,16
	6520	32,32
女の子_歩き_上0	848	16,16
	6521	32,32
女の子_歩き_上1	849	16,16
	6522	32,32
女の子_歩き_上2	850	16,16
	6523	32,32
女の子_歩き_上3	851	16,16
	6524	32,32
女の子_やられ_0	852	16,16
	6525	32,32
女の子_やられ_1	853	16,16
	6526	32,32
女の子_やられ_2	854	16,16
	6527	32,32
女の子_やられ_3	855	16,16
	6528	32,32
ねこ_歩き_右0	856	16,16
	6529	32,32
ねこ_歩き_右1	857	16,16
	6530	32,32
ねこ_歩き_右2	858	16,16
	6531	32,32
ねこ_歩き_右3	859	16,16
	6532	32,32
ねこ_歩き_下0	860	16,16
	6533	32,32
ねこ_歩き_下1	861	16,16
	6534	32,32
ねこ_歩き_下2	862	16,16
	6535	32,32
ねこ_歩き_下3	863	16,16
	6536	32,32
ねこ_歩き_左0	864	16,16
	6537	32,32
ねこ_歩き_左1	865	16,16
	6538	32,32
ねこ_歩き_左2	866	16,16
	6539	32,32
ねこ_歩き_左3	867	16,16
	6540	32,32
ねこ_歩き_上0	868	16,16
	6541	32,32
ねこ_歩き_上1	869	16,16
	6542	32,32
ねこ_歩き_上2	870	16,16
	6543	32,32
ねこ_歩き_上3	871	16,16
	6544	32,32
ねこ_やられ_0	872	16,16
	6545	32,32
ねこ_やられ_1	873	16,16
	6546	32,32
ねこ_やられ_2	874	16,16
	6547	32,32
ねこ_やられ_3	875	16,16
	6548	32,32
いぬ_歩き_右0	876	16,16
	6549	32,32
いぬ_歩き_右1	877	16,16
	6550	32,32
いぬ_歩き_右2	878	16,16
	6551	32,32
いぬ_歩き_右3	879	16,16
	6552	32,32
いぬ_歩き_下0	880	16,16
	6553	32,32
いぬ_歩き_下1	881	16,16
	6554	32,32
いぬ_歩き_下2	882	16,16
	6555	32,32
いぬ_歩き_下3	883	16,16
	6556	32,32
いぬ_歩き_左0	884	16,16
	6557	32,32
いぬ_歩き_左1	885	16,16
	6558	32,32
いぬ_歩き_左2	886	16,16
	6559	32,32
いぬ_歩き_左3	887	16,16
	6560	32,32
いぬ_歩き_上0	888	16,16
	6561	32,32
いぬ_歩き_上1	889	16,16
	6562	32,32
いぬ_歩き_上2	890	16,16
	6563	32,32
いぬ_歩き_上3	891	16,16
	6564	32,32
いぬ_やられ_0	892	16,16
	6565	32,32
いぬ_やられ_1	893	16,16
	6566	32,32
いぬ_やられ_2	894	16,16
	6567	32,32
いぬ_やられ_3	895	16,16
	6568	32,32
妖精_歩き_右0	896	16,16
	6569	32,32
妖精_歩き_右1	897	16,16
	6570	32,32
妖精_歩き_右2	898	16,16
	6571	32,32
妖精_歩き_右3	899	16,16
	6572	32,32
妖精_歩き_下0	900	16,16
	6573	32,32
妖精_歩き_下1	901	16,16
	6574	32,32
妖精_歩き_下2	902	16,16
	6575	32,32
妖精_歩き_下3	903	16,16
	6576	32,32
妖精_歩き_左0	904	16,16
	6577	32,32
妖精_歩き_左1	905	16,16
	6578	32,32
妖精_歩き_左2	906	16,16
	6579	32,32
妖精_歩き_左3	907	16,16
	6580	32,32
妖精_歩き_上0	908	16,16
	6581	32,32
妖精_歩き_上1	909	16,16
	6582	32,32
妖精_歩き_上2	910	16,16
	6583	32,32
妖精_歩き_上3	911	16,16
	6584	32,32
妖精_やられ_0	912	16,16
	6585	32,32
妖精_やられ_1	913	16,16
	6586	32,32
妖精_やられ_2	914	16,16
	6587	32,32
妖精_やられ_3	915	16,16
	6588	32,32
ゴブリン_歩き_右0	916	16,16
	6589	32,32
ゴブリン_歩き_右1	917	16,16
	6590	32,32
ゴブリン_歩き_右2	918	16,16
	6591	32,32
ゴブリン_歩き_右3	919	16,16
	6592	32,32
ゴブリン_歩き_下0	920	16,16
	6593	32,32
ゴブリン_歩き_下1	921	16,16
	6594	32,32
ゴブリン_歩き_下2	922	16,16
	6595	32,32
ゴブリン_歩き_下3	923	16,16
	6596	32,32
ゴブリン_歩き_左0	924	16,16
	6597	32,32
ゴブリン_歩き_左1	925	16,16
	6598	32,32
ゴブリン_歩き_左2	926	16,16
	6599	32,32
ゴブリン_歩き_左3	927	16,16
	6600	32,32
ゴブリン_歩き_上0	928	16,16
	6601	32,32
ゴブリン_歩き_上1	929	16,16
	6602	32,32
ゴブリン_歩き_上2	930	16,16
	6603	32,32
ゴブリン_歩き_上3	931	16,16
	6604	32,32
ゴブリン_やられ_0	932	16,16
	6605	32,32
ゴブリン_やられ_1	933	16,16
	6606	32,32
ゴブリン_やられ_2	934	16,16
	6607	32,32
ゴブリン_やられ_3	935	16,16
	6608	32,32
ロボA_歩き_右0	936	16,16
	6609	32,32
ロボA_歩き_右1	937	16,16
	6610	32,32
ロボA_歩き_右2	938	16,16
	6611	32,32
ロボA_歩き_右3	939	16,16
	6612	32,32
ロボA_歩き_下0	940	16,16
	6613	32,32
ロボA_歩き_下1	941	16,16
	6614	32,32
ロボA_歩き_下2	942	16,16
	6615	32,32
ロボA_歩き_下3	943	16,16
	6616	32,32

画像	名前	番号	サイズ
	ロボA_歩き_左0	944	16,16
		6617	32,32
	ロボA_歩き_左1	945	16,16
		6618	32,32
	ロボA_歩き_左2	946	16,16
		6619	32,32
	ロボA_歩き_左3	947	16,16
		6620	32,32
	ロボA_歩き_上0	948	16,16
		6621	32,32
	ロボA_歩き_上1	949	16,16
		6622	32,32
	ロボA_歩き_上2	950	16,16
		6623	32,32
	ロボA_歩き_上3	951	16,16
		6624	32,32
	ロボA_やられ_0	952	16,16
		6625	32,32
	ロボA_やられ_1	953	16,16
		6626	32,32
	ロボA_やられ_2	954	16,16
		6627	32,32
	ロボA_やられ_3	955	16,16
		6628	32,32
	ロボB_歩き_右0	956	16,16
		6629	32,32
	ロボB_歩き_右1	957	16,16
		6630	32,32
	ロボB_歩き_右2	958	16,16
		6631	32,32
	ロボB_歩き_右3	959	16,16
		6632	32,32
	ロボB_歩き_下0	960	16,16
		6633	32,32
	ロボB_歩き_下1	961	16,16
		6634	32,32
	ロボB_歩き_下2	962	16,16
		6635	32,32
	ロボB_歩き_下3	963	16,16
		6636	32,32
	ロボB_歩き_左0	964	16,16
		6637	32,32
	ロボB_歩き_左1	965	16,16
		6638	32,32
	ロボB_歩き_左2	966	16,16
		6639	32,32
	ロボB_歩き_左3	967	16,16
		6640	32,32
	ロボB_歩き_上0	968	16,16
		6641	32,32

画像	名前	番号	サイズ
	ロボB_歩き_上1	969	16,16
		6642	32,32
	ロボB_歩き_上2	970	16,16
		6643	32,32
	ロボB_歩き_上3	971	16,16
		6644	32,32
	ロボB_やられ_0	972	16,16
		6645	32,32
	ロボB_やられ_1	973	16,16
		6646	32,32
	ロボB_やられ_2	974	16,16
		6647	32,32
	ロボB_やられ_3	975	16,16
		6648	32,32
	ミイラ_歩き_右0	976	16,16
		6649	32,32
	ミイラ_歩き_右1	977	16,16
		6650	32,32
	ミイラ_歩き_右2	978	16,16
		6651	32,32
	ミイラ_歩き_右3	979	16,16
		6652	32,32
	ミイラ_歩き_下0	980	16,16
		6653	32,32
	ミイラ_歩き_下1	981	16,16
		6654	32,32
	ミイラ_歩き_下2	982	16,16
		6655	32,32
	ミイラ_歩き_下3	983	16,16
		6656	32,32
	ミイラ_歩き_左0	984	16,16
		6657	32,32
	ミイラ_歩き_左1	985	16,16
		6658	32,32
	ミイラ_歩き_左2	986	16,16
		6659	32,32
	ミイラ_歩き_左3	987	16,16
		6660	32,32
	ミイラ_歩き_上0	988	16,16
		6661	32,32
	ミイラ_歩き_上1	989	16,16
		6662	32,32
	ミイラ_歩き_上2	990	16,16
		6663	32,32
	ミイラ_歩き_上3	991	16,16
		6664	32,32
	ミイラ_やられ_0	992	16,16
		6665	32,32
	ミイラ_やられ_1	993	16,16
		6666	32,32

画像	名前	番号	サイズ
	ミイラ_やられ_2	994	16,16
		6667	32,32
	ミイラ_やられ_3	995	16,16
		6668	32,32
	がいこつ_歩き_右0	996	16,16
		6669	32,32
	がいこつ_歩き_右1	997	16,16
		6670	32,32
	がいこつ_歩き_右2	998	16,16
		6671	32,32
	がいこつ_歩き_右3	999	16,16
		6672	32,32
	がいこつ_歩き_下0	1000	16,16
		6673	32,32
	がいこつ_歩き_下1	1001	16,16
		6674	32,32
	がいこつ_歩き_下2	1002	16,16
		6675	32,32
	がいこつ_歩き_下3	1003	16,16
		6676	32,32
	がいこつ_歩き_左0	1004	16,16
		6677	32,32
	がいこつ_歩き_左1	1005	16,16
		6678	32,32
	がいこつ_歩き_左2	1006	16,16
		6679	32,32
	がいこつ_歩き_左3	1007	16,16
		6680	32,32
	がいこつ_歩き_上0	1008	16,16
		6681	32,32
	がいこつ_歩き_上1	1009	16,16
		6682	32,32
	がいこつ_歩き_上2	1010	16,16
		6683	32,32
	がいこつ_歩き_上3	1011	16,16
		6684	32,32
	がいこつ_やられ_0	1012	16,16
		6685	32,32
	がいこつ_やられ_1	1013	16,16
		6686	32,32
	がいこつ_やられ_2	1014	16,16
		6687	32,32
	がいこつ_やられ_3	1015	16,16
		6688	32,32
	ゆうれい_歩き_右0	1016	16,16
		6689	32,32
	ゆうれい_歩き_右1	1017	16,16
		6690	32,32
	ゆうれい_歩き_右2	1018	16,16
		6691	32,32

画像	名前	番号	サイズ
	ゆうれい_歩き_右3	1019	16,16
		6692	32,32
	ゆうれい_歩き_下0	1020	16,16
		6693	32,32
	ゆうれい_歩き_下1	1021	16,16
		6694	32,32
	ゆうれい_歩き_下2	1022	16,16
		6695	32,32
	ゆうれい_歩き_下3	1023	16,16
		6696	32,32
	ゆうれい_歩き_左0	1024	16,16
		6697	32,32
	ゆうれい_歩き_左1	1025	16,16
		6698	32,32
	ゆうれい_歩き_左2	1026	16,16
		6699	32,32
	ゆうれい_歩き_左3	1027	16,16
		6700	32,32
	ゆうれい_歩き_上0	1028	16,16
		6701	32,32
	ゆうれい_歩き_上1	1029	16,16
		6702	32,32
	ゆうれい_歩き_上2	1030	16,16
		6703	32,32
	ゆうれい_歩き_上3	1031	16,16
		6704	32,32
	ゆうれい_やられ_0	1032	16,16
		6705	32,32
	ゆうれい_やられ_1	1033	16,16
		6706	32,32
	ゆうれい_やられ_2	1034	16,16
		6707	32,32
	ゆうれい_やられ_3	1035	16,16
		6708	32,32
	コウモリ_歩き_右0	1036	16,16
		6709	32,32
	コウモリ_歩き_右1	1037	16,16
		6710	32,32
	コウモリ_歩き_右2	1038	16,16
		6711	32,32
	コウモリ_歩き_右3	1039	16,16
		6712	32,32
	コウモリ_歩き_下0	1040	16,16
		6713	32,32
	コウモリ_歩き_下1	1041	16,16
		6714	32,32
	コウモリ_歩き_下2	1042	16,16
		6715	32,32
	コウモリ_歩き_下3	1043	16,16
		6716	32,32

名前	番号	サイズ
コウモリ_歩き_左0	1044	16,16
	6717	32,32
コウモリ_歩き_左1	1045	16,16
	6718	32,32
コウモリ_歩き_左2	1046	16,16
	6719	32,32
コウモリ_歩き_左3	1047	16,16
	6720	32,32
コウモリ_歩き_上0	1048	16,16
	6721	32,32
コウモリ_歩き_上1	1049	16,16
	6722	32,32
コウモリ_歩き_上2	1050	16,16
	6723	32,32
コウモリ_歩き_上3	1051	16,16
	6724	32,32
コウモリ_やられ_0	1052	16,16
	6725	32,32
コウモリ_やられ_1	1053	16,16
	6726	32,32
コウモリ_やられ_2	1054	16,16
	6727	32,32
コウモリ_やられ_3	1055	16,16
	6728	32,32
スライム_歩き_右0	1056	16,16
	6729	32,32
スライム_歩き_右1	1057	16,16
	6730	32,32
スライム_歩き_右2	1058	16,16
	6731	32,32
スライム_歩き_右3	1059	16,16
	6732	32,32
スライム_歩き_下0	1060	16,16
	6733	32,32
スライム_歩き_下1	1061	16,16
	6734	32,32
スライム_歩き_下2	1062	16,16
	6735	32,32
スライム_歩き_下3	1063	16,16
	6736	32,32
スライム_歩き_左0	1064	16,16
	6737	32,32
スライム_歩き_左1	1065	16,16
	6738	32,32
スライム_歩き_左2	1066	16,16
	6739	32,32
スライム_歩き_左3	1067	16,16
	6740	32,32
スライム_歩き_上0	1068	16,16
	6741	32,32
スライム_歩き_上1	1069	16,16
	6742	32,32
スライム_歩き_上2	1070	16,16
	6743	32,32
スライム_歩き_上3	1071	16,16
	6744	32,32
スライム_やられ_0	1072	16,16
	6745	32,32
スライム_やられ_1	1073	16,16
	6746	32,32
スライム_やられ_2	1074	16,16
	6747	32,32
スライム_やられ_3	1075	16,16
	6748	32,32
蛇女_歩き_右0	1076	16,16
	6749	32,32
蛇女_歩き_右1	1077	16,16
	6750	32,32
蛇女_歩き_右2	1078	16,16
	6751	32,32
蛇女_歩き_右3	1079	16,16
	6752	32,32
蛇女_歩き_下0	1080	16,16
	6753	32,32
蛇女_歩き_下1	1081	16,16
	6754	32,32
蛇女_歩き_下2	1082	16,16
	6755	32,32
蛇女_歩き_下3	1083	16,16
	6756	32,32
蛇女_歩き_左0	1084	16,16
	6757	32,32
蛇女_歩き_左1	1085	16,16
	6758	32,32
蛇女_歩き_左2	1086	16,16
	6759	32,32
蛇女_歩き_左3	1087	16,16
	6760	32,32
蛇女_歩き_上0	1088	16,16
	6761	32,32
蛇女_歩き_上1	1089	16,16
	6762	32,32
蛇女_歩き_上2	1090	16,16
	6763	32,32
蛇女_歩き_上3	1091	16,16
	6764	32,32
蛇女_やられ_0	1092	16,16
	6765	32,32
蛇女_やられ_1	1093	16,16
	6766	32,32
蛇女_やられ_2	1094	16,16
	6767	32,32
蛇女_やられ_3	1095	16,16
	6768	32,32
トリ_移動_右	1096	16,16
	6769	32,32
トリ_移動_左	1097	16,16
	6770	32,32
トリ_つつく_右	1098	16,16
	6771	32,32
トリ_つつく_左	1099	16,16
	6772	32,32
トリ_飛ぶ_右0	1100	16,16
	6773	32,32
トリ_飛ぶ_右1	1101	16,16
	6774	32,32
トリ_飛ぶ_左0	1102	16,16
	6775	32,32
トリ_飛ぶ_左1	1103	16,16
	6776	32,32
選手赤_歩き_右0	1104	16,16
	6777	32,32
選手赤_歩き_右1	1105	16,16
	6778	32,32
選手赤_歩き_右2	1106	16,16
	6779	32,32
選手赤_歩き_右3	1107	16,16
	6780	32,32
選手赤_歩き_下0	1108	16,16
	6781	32,32
選手赤_歩き_下1	1109	16,16
	6782	32,32
選手赤_歩き_下2	1110	16,16
	6783	32,32
選手赤_歩き_下3	1111	16,16
	6784	32,32
選手赤_歩き_左0	1112	16,16
	6785	32,32
選手赤_歩き_左1	1113	16,16
	6786	32,32
選手赤_歩き_左2	1114	16,16
	6787	32,32
選手赤_歩き_左3	1115	16,16
	6788	32,32
選手赤_歩き_上0	1116	16,16
	6789	32,32
選手赤_歩き_上1	1117	16,16
	6790	32,32
選手赤_歩き_上2	1118	16,16
	6791	32,32
選手赤_歩き_上3	1119	16,16
	6792	32,32
選手赤_やられ_0	1120	16,16
	6793	32,32
選手赤_やられ_1	1121	16,16
	6794	32,32
選手赤_やられ_2	1122	16,16
	6795	32,32
選手赤_やられ_3	1123	16,16
	6796	32,32
選手青_歩き_右0	1124	16,16
	6797	32,32
選手青_歩き_右1	1125	16,16
	6798	32,32
選手青_歩き_右2	1126	16,16
	6799	32,32
選手青_歩き_右3	1127	16,16
	6800	32,32
選手青_歩き_下0	1128	16,16
	6801	32,32
選手青_歩き_下1	1129	16,16
	6802	32,32
選手青_歩き_下2	1130	16,16
	6803	32,32
選手青_歩き_下3	1131	16,16
	6804	32,32
選手青_歩き_左0	1132	16,16
	6805	32,32
選手青_歩き_左1	1133	16,16
	6806	32,32
選手青_歩き_左2	1134	16,16
	6807	32,32
選手青_歩き_左3	1135	16,16
	6808	32,32
選手青_歩き_上0	1136	16,16
	6809	32,32
選手青_歩き_上1	1137	16,16
	6810	32,32
選手青_歩き_上2	1138	16,16
	6811	32,32
選手青_歩き_上3	1139	16,16
	6812	32,32
選手青_やられ_0	1140	16,16
	6813	32,32
選手青_やられ_1	1141	16,16
	6814	32,32
選手青_やられ_2	1142	16,16
	6815	32,32
選手青_やられ_3	1143	16,16
	6816	32,32

名前	番号	サイズ	番号	サイズ
選手赤キーパー_歩き_右0	1144	16,16	6817	32,32
選手赤キーパー_歩き_右1	1145	16,16	6818	32,32
選手赤キーパー_歩き_左0	1146	16,16	6819	32,32
選手赤キーパー_歩き_左1	1147	16,16	6820	32,32
選手赤キーパー_キャッチ_右	1148	16,16	6821	32,32
選手赤キーパー_キャッチ_左	1149	16,16	6822	32,32
選手赤キーパー_ジャンプキャッチ_右	1150	16,16	6823	32,32
選手赤キーパー_ジャンプキャッチ_左	1151	16,16	6824	32,32
選手赤キーパー_抱えキャッチ_右	1152	16,16	6825	32,32
選手赤キーパー_抱えキャッチ_左	1153	16,16	6826	32,32
選手青キーパー_歩き_右0	1154	16,16	6827	32,32
選手青キーパー_歩き_右1	1155	16,16	6828	32,32
選手青キーパー_歩き_左0	1156	16,16	6829	32,32
選手青キーパー_歩き_左1	1157	16,16	6830	32,32
選手青キーパー_キャッチ_右	1158	16,16	6831	32,32
選手青キーパー_キャッチ_左	1159	16,16	6832	32,32
選手青キーパー_ジャンプキャッチ_右	1160	16,16	6833	32,32
選手青キーパー_ジャンプキャッチ_左	1161	16,16	6834	32,32
選手青キーパー_抱えキャッチ_右	1162	16,16	6835	32,32
選手青キーパー_抱えキャッチ_左	1163	16,16	6836	32,32
審判_移動0	1164	16,16	6837	32,32
審判_移動1	1165	16,16	6838	32,32
審判_移動2	1166	16,16	6839	32,32
審判_移動3	1167	16,16	6840	32,32
審判_イエローカード_右	1168	16,16	6841	32,32
審判_イエローカード_左	1169	16,16	6842	32,32
審判_レッドカード_右	1170	16,16	6843	32,32
審判_レッドカード_左	1171	16,16	6844	32,32
審判_セーフ	1172	16,16	6845	32,32
審判_アウト_右	1173	16,16	6846	32,32
審判_アウト_左	1174	16,16	6847	32,32
審判_イン_右	1175	16,16	6848	32,32
審判_イン_左	1176	16,16	6849	32,32
審判旗_アウト_右	1177	16,16	6850	32,32
審判旗_アウト_左	1178	16,16	6851	32,32
審判旗_イン_右	1179	16,16	6852	32,32
審判旗_イン_左	1180	16,16	6853	32,32
ビックリエフェクト	1181	16,8	6854	32,16
汗エフェクト	1182	16,8	6855	32,16
天使の輪エフェクト	1183	16,8	6856	32,16
キャラクター影	1184	16,8	6857	32,16
フキダシヒゲ	1185	8,8	6858	16,16
フキダシ思いだしヒゲ0	1186	8,8	6859	16,16
フキダシ思いだしヒゲ1	1187	8,8	6860	16,16
フキダシ思いだしヒゲ2	1188	8,16	6861	16,32
フキダシ思いだしヒゲ3	1189	8,16	6862	16,32
フキダシ左上角	1190	8,8	6863	16,16
フキダシ右上角	1191	8,8	6864	16,16
フキダシ左下角	1192	8,8	6865	16,16
フキダシ右下角	1193	8,8	6866	16,16
フキダシ引き伸ばしパーツ	1194	8,8	6867	16,16
オプション赤0	1195	16,16	6868	32,32
オプション赤1	1196	16,16	6869	32,32
オプション赤2	1197	16,16	6870	32,32
オプション赤3	1198	16,16	6871	32,32
オプション青0	1199	16,16	6872	32,32
オプション青1	1200	16,16	6873	32,32
オプション青2	1201	16,16	6874	32,32
オプション青3	1202	16,16	6875	32,32
シューティング敵A0	1203	16,16	6876	32,32
シューティング敵A1	1204	16,16	6877	32,32
シューティング敵A2	1205	16,16	6878	32,32
シューティング敵B0	1206	16,16	6879	32,32
シューティング敵B1	1207	16,16	6880	32,32
シューティング敵B2	1208	16,16	6881	32,32
シューティング敵B3	1209	16,16	6882	32,32
シューティング敵C0	1210	16,16	6883	32,32
シューティング敵C1	1211	16,16	6884	32,32
シューティング敵C2	1212	16,16	6885	32,32
シューティング敵E0	1213	16,16	6886	32,32
シューティング敵E1	1214	16,16	6887	32,32
トゲトゲ玉	1215	16,16	6888	32,32
シューティング敵F	1216	16,16	6889	32,32
シューティング敵G0	1217	16,16	6890	32,32
シューティング敵G1	1218	16,16	6891	32,32
シューティング敵H	1219	16,16	6892	32,32
ワーム_頭	1220	16,16	6893	32,32
ワーム_体	1221	16,16	6894	32,32
ワーム_尻尾	1222	16,16	6895	32,32
アイテム_ボム0	1223	16,16	6896	32,32
アイテム_ボム1	1224	16,16	6897	32,32
アイテム_ボム2	1225	16,16	6898	32,32
アイテム_ボム3	1226	16,16	6899	32,32
アイテム_パワーアップ0	1227	16,16	6900	32,32
アイテム_パワーアップ1	1228	16,16	6901	32,32
アイテム_パワーアップ2	1229	16,16	6902	32,32
アイテム_パワーアップ3	1230	16,16	6903	32,32
破片A	1231	16,16	6904	32,32
破片B	1232	16,16	6905	32,32
破片C	1233	16,16	6906	32,32
破片D	1234	16,16	6907	32,32
シューティング自機A0	1251	24,32	6924	48,64
シューティング自機A1	1252	24,32	6925	48,64
シューティング自機A2	1253	24,32	6926	48,64
シューティング自機A3	1254	24,32	6927	48,64
シューティング自機A4	1255	24,32	6928	48,64
シューティング自機A5	1256	24,32	6929	48,64
シューティング自機A6	1257	24,32	6930	48,64
シューティング自機A7	1258	24,32	6931	48,64
シューティング自機A8	1259	24,32	6932	48,64

名前	番号	サイズ
シューティング自機 A9	1260	24,32
	6933	48,64
シューティング自機 A10	1261	24,32
	6934	48,64
シューティング自機 A11	1262	24,32
	6935	48,64
シューティング自機 B0	1263	24,32
	6936	48,64
シューティング自機 B1	1264	24,32
	6937	48,64
シューティング自機 B2	1265	24,32
	6938	48,64
シューティング自機 B3	1266	24,32
	6939	48,64
シューティング自機 B4	1267	24,32
	6940	48,64
シューティング自機 B5	1268	24,32
	6941	48,64
シューティング自機 B6	1269	24,32
	6942	48,64
シューティング自機 B7	1270	24,32
	6943	48,64
シューティング自機 B8	1271	24,32
	6944	48,64
シューティング自機 B9	1272	24,32
	6945	48,64
シューティング自機 B10	1273	24,32
	6946	48,64
シューティング自機 B11	1274	24,32
	6947	48,64
シューティング自機 C0	1275	24,32
	6948	48,64
シューティング自機 C1	1276	24,32
	6949	48,64
シューティング自機 C2	1277	24,32
	6950	48,64
シューティング自機 C3	1278	24,32
	6951	48,64
シューティング自機 C4	1279	24,32
	6952	48,64
シューティング自機 C5	1280	24,32
	6953	48,64
シューティング自機 C6	1281	24,32
	6954	48,64
シューティング自機 C7	1282	24,32
	6955	48,64
シューティング自機 C8	1283	24,32
	6956	48,64
シューティング自機 C9	1284	24,32
	6957	48,64
シューティング自機 C10	1285	24,32
	6958	48,64
シューティング自機 C11	1286	24,32
	6959	48,64
シューティング敵ロボ A0	1287	24,32
	6960	48,64
シューティング敵ロボ A1	1288	24,32
	6961	48,64
シューティング敵ロボ A2	1289	24,32
	6962	48,64
シューティング敵ロボ B0	1290	24,32
	6963	48,64
シューティング敵ロボ B1	1291	24,32
	6964	48,64
シューティング敵ロボ B2	1292	24,32
	6965	48,64
ロボバーニアエフェクト0	1293	32,16
	6966	64,32
ロボバーニアエフェクト1	1294	32,16
	6967	64,32
シールド0	1295	24,8
	6968	48,16
シールド1	1296	24,8
	6969	48,16
シールド2	1297	24,8
	6970	48,16
シールド3	1298	24,8
	6971	48,16
自機弾発射エフェクト0	1299	16,8
	6972	32,16
自機弾発射エフェクト1	1300	16,8
	6973	32,16
弾ヒットエフェクト0	1301	16,8
	6974	32,16
弾ヒットエフェクト1	1302	16,8
	6975	32,16
弾ヒットエフェクト2	1303	16,8
	6976	32,16
ミサイル	1304	8,16
	6977	16,32
レーザー	1305	8,16
	6978	16,32
大レーザー_前	1306	16,8
	6979	32,16
大レーザー_中央	1307	16,8
	6980	32,16
大レーザー_後	1308	16,8
	6981	32,16
大レーザー_まとめ	1309	16,24
	6982	32,48
火の弾0	1310	8,16
	6983	16,32
火の弾1	1311	8,16
	6984	16,32
火の弾2	1312	8,16
	6985	16,32
火の弾3	1313	8,16
	6986	16,32
氷の弾0	1314	8,16
	6987	16,32
氷の弾1	1315	8,16
	6988	16,32
氷の弾2	1316	8,16
	6989	16,32
氷の弾3	1317	8,16
	6990	16,32
雷の弾0	1318	8,16
	6991	16,32
雷の弾1	1319	8,16
	6992	16,32
雷の弾2	1320	8,16
	6993	16,32
雷の弾3	1321	8,16
	6994	16,32
弾A	1322	8,8
	6995	16,16
弾B	1323	8,8
	6996	16,16
弾C0	1324	8,8
	6997	16,16
弾C1	1325	8,8
	6998	16,16
弾C2	1326	8,8
	6999	16,16
弾C3	1327	8,8
	7000	16,16
弾D0	1328	8,8
	7001	16,16
弾D1	1329	8,8
	7002	16,16
弾D2	1330	8,8
	7003	16,16
弾D3	1331	8,8
	7004	16,16
弾E0	1332	8,8
	7005	16,16
弾E1	1333	8,8
	7006	16,16
弾E2	1334	8,8
	7007	16,16
弾E3	1335	8,8
	7008	16,16
弾F0	1336	8,8
	7009	16,16
弾F1	1337	8,8
	7010	16,16
弾F2	1338	8,8
	7011	16,16
弾G0	1339	8,8
	7012	16,16
弾G1	1340	8,8
	7013	16,16
弾G2	1341	8,8
	7014	16,32
弾H	1342	8,16
	7015	16,32
弾I	1343	16,24
	7016	32,48
弾J	1344	16,16
	7017	32,32
弾K	1345	16,16
	7018	32,32
弾L0	1346	16,16
	7019	32,32
弾L1	1347	16,16
	7020	32,32
弾M0	1348	16,8
	7021	32,16
弾M1	1349	16,8
	7022	32,16
弾M2	1350	16,8
	7023	32,16
泡A	1351	8,8
	7024	16,16
泡B	1352	8,8
	7025	16,16
水滴0	1353	8,8
	7026	16,16
水滴1	1354	8,8
	7027	16,16
氷柱	1355	8,16
	7028	16,32
混乱エフェクト0	1356	16,16
	7029	32,32
混乱エフェクト1	1357	16,16
	7030	32,32
混乱エフェクト2	1358	16,16
	7031	32,32
混乱エフェクト3	1359	16,16
	7032	32,32

画像	名前	番号	サイズ
	キラキラエフェクト0	1360	16,16
		7033	32,32
	キラキラエフェクト1	1361	16,16
		7034	32,32
	キラキラエフェクト2	1362	16,16
		7035	32,32
	キラキラエフェクト3	1363	16,16
		7036	32,32
	爆発エフェクト小0	1364	16,16
		7037	32,32
	爆発エフェクト小1	1365	16,16
		7038	32,32
	爆発エフェクト小2	1366	16,16
		7039	32,32
	爆発エフェクト小3	1367	16,16
		7040	32,32
	噴き出すエフェクト0	1368	16,16
		7041	32,32
	噴き出すエフェクト1	1369	16,16
		7042	32,32
	噴き出すエフェクト2	1370	16,16
		7043	32,32
	噴き出すエフェクト3	1371	16,16
		7044	32,32
	噴き出すエフェクト4	1372	16,16
		7045	32,32
	噴き出すエフェクト5	1373	16,16
		7046	32,32
	噴き出すエフェクト6	1374	16,16
		7047	32,32
	噴き出すエフェクト7	1375	16,16
		7048	32,32
	爆発エフェクト大A0	1376	32,32
		7049	64,64
	爆発エフェクト大A1	1377	32,32
		7050	64,64
	爆発エフェクト大A2	1378	32,32
		7051	64,64
	爆発エフェクト大A3	1379	32,32
		7052	64,64
	爆発エフェクト大B0	1380	32,32
		7053	64,64
	爆発エフェクト大B1	1381	32,32
		7054	64,64
	爆発エフェクト大B2	1382	32,32
		7055	64,64
	爆発エフェクト大B3	1383	32,16
		7056	64,32
	竜_頭	1384	32,32
		7057	64,64

画像	名前	番号	サイズ
	竜_体	1385	32,32
		7058	64,64
	竜_尻尾	1386	32,32
		7059	64,64
	Gオヤブン0	1387	32,32
		7060	64,64
	Gオヤブン1	1388	32,32
		7061	64,64
	ヘドロマン右0	1389	32,32
		7062	64,64
	ヘドロマン右1	1390	32,32
		7063	64,64
	ヘドロマン右2	1391	32,32
		7064	64,64
	ヘドロマン右3	1392	32,32
		7065	64,64
	ヘドロマン左0	1393	32,32
		7066	64,64
	ヘドロマン左1	1394	32,32
		7067	64,64
	ヘドロマン左2	1395	32,32
		7068	64,64
	ヘドロマン左3	1396	32,32
		7069	64,64
	がいこつおやぶん_移動_右0	1397	32,32
		7070	64,64
	がいこつおやぶん_移動_右1	1398	32,32
		7071	64,64
	がいこつおやぶん_移動_右2	1399	32,32
		7072	64,64
	がいこつおやぶん_移動_右3	1400	32,32
		7073	64,64
	がいこつおやぶん_移動_左0	1401	32,32
		7074	64,64
	がいこつおやぶん_移動_左1	1402	32,32
		7075	64,64
	がいこつおやぶん_移動_左2	1403	32,32
		7076	64,64
	がいこつおやぶん_移動_左3	1404	32,32
		7077	64,64
	がいこつおやぶん_威嚇_右0	1405	32,32
		7078	64,64
	がいこつおやぶん_威嚇_右1	1406	32,32
		7079	64,64
	がいこつおやぶん_威嚇_左0	1407	32,32
		7080	64,64
	がいこつおやぶん_威嚇_左1	1408	32,32
		7081	64,64
	がいこつおやぶん_攻撃_右0	1409	32,32
		7082	64,64

画像	名前	番号	サイズ
	がいこつおやぶん_攻撃_右1	1410	32,32
		7083	64,64
	がいこつおやぶん_攻撃_右2	1411	32,32
		7084	64,64
	がいこつおやぶん_攻撃_左0	1412	32,32
		7085	64,64
	がいこつおやぶん_攻撃_左1	1413	32,32
		7086	64,64
	がいこつおやぶん_攻撃_左2	1414	32,32
		7087	64,64
	がいこつおやぶん_やられ_右	1415	32,16
		7088	64,32
	がいこつおやぶん_やられ_左	1416	32,16
		7089	64,32
	シューティング大きい敵A	1417	32,32
		7090	64,64
	シューティング大きい敵B	1418	32,32
		7091	64,64
	潜水艦_右	1419	32,32
		7092	64,64
	潜水艦_下	1420	16,32
		7093	32,64
	潜水艦_左	1421	32,32
		7094	64,64
	潜水艦_上	1422	16,32
		7095	32,64
	戦車_車体0	1423	24,32
		7096	48,64
	戦車_車体1	1424	24,32
		7097	48,64
	戦車_砲台	1425	16,32
		7098	32,64
	気球	1426	24,32
		7099	48,64
	石像	1427	16,32
		7100	32,64
	ノビールハンド_柄	1428	8,8
		7101	16,16
	ノビールハンド_鎖	1429	8,8
		7102	16,16
	ノビールハンド_ハンド開き	1430	16,8
		7103	32,16
	ノビールハンド_ハンド閉じ	1431	16,8
		7104	32,16
	ハカセ_普通	1432	32,32
		7105	64,64
	ハカセ_ショック	1433	32,32
		7106	64,64
	ハカセ_喜び	1434	32,32
		7107	64,64

画像	名前	番号	サイズ
	ワンパク_普通	1435	32,32
		7108	64,64
	ワンパク_ショック	1436	32,32
		7109	64,64
	ワンパク_喜び	1437	32,32
		7110	64,64
	神崎_普通	1438	32,32
		7111	64,64
	神崎_ショック	1439	32,32
		7112	64,64
	神崎_喜び	1440	32,32
		7113	64,64
	インテリ_普通	1441	32,32
		7114	64,64
	インテリ_ショック	1442	32,32
		7115	64,64
	インテリ_喜び	1443	32,32
		7116	64,64
	ダミーちゃん_普通	1444	32,32
		7117	64,64
	ダミーちゃん_ショック	1445	32,32
		7118	64,64
	ダミーちゃん_喜び	1446	32,32
		7119	64,64
	エビ大将_主砲先端	1453	16,32
		7126	32,64
	エビ大将_主砲先端_壊れ0	1454	16,32
		7127	32,64
	エビ大将_主砲先端_壊れ1	1455	16,32
		7128	32,64
	カニ将軍_主砲	1460	16,16
		7133	32,32
	カニ将軍_エフェクト0	1461	16,16
		7134	32,32
	カニ将軍_エフェクト1	1462	16,16
		7135	32,32
	不思議なブロック0	1468	24,16
		7141	48,32
	不思議なブロック1	1469	16,16
		7142	32,32
	不思議なブロック2	1470	32,8
		7143	64,16
	不思議なブロック3	1471	24,16
		7144	48,32
	不思議なブロック4	1472	16,24
		7145	32,48
	不思議なブロック5	1473	24,16
		7146	48,32
	パドル	1475	32,8
		7147	64,16

画像	名前	番号	サイズ
	パドル L	1476	24,8
		7148	32,16
	パドル C	7149	16,16
	パドル R	1477	24,8
		7150	32,16
	ボール A	1478	8,8
		7151	16,16
	ボール B	1479	8,8
		7152	16,16
	四角	1480	8,8
		7153	16,16
	菱形	1481	8,8
		7154	16,16
	小さい剣 0	4096	16,16
	小さい剣 1	4097	16,16
	小さい剣 2	4098	16,16
	小さい剣 3	4099	16,16
	普通の剣 0	4100	16,16
	普通の剣 1	4101	16,16
	普通の剣 2	4102	16,16
	普通の剣 3	4103	16,16
	黒い剣 0	4104	16,16
	黒い剣 1	4105	16,16
	黒い剣 2	4106	16,16
	黒い剣 3	4107	16,16
	木の杖 0	4108	16,16
	木の杖 1	4109	16,16
	木の杖 2	4110	16,16
	木の杖 3	4111	16,16
	黒い杖 0	4112	16,16
	黒い杖 1	4113	16,16

画像	名前	番号	サイズ
	黒い杖 2	4114	16,16
	黒い杖 3	4115	16,16
	斧 0	4116	16,16
	斧 1	4117	16,16
	斧 2	4118	16,16
	斧 3	4119	16,16
	金の斧 0	4120	16,16
	金の斧 1	4121	16,16
	金の斧 2	4122	16,16
	金の斧 3	4123	16,16
	黒い斧 0	4124	16,16
	黒い斧 1	4125	16,16
	黒い斧 2	4126	16,16
	黒い斧 3	4127	16,16
	金の弓 0	4128	8,16
	金の弓 1	4129	8,16
	金の弓 2	4130	8,16
	金の弓 3	4131	8,16
	黒の弓 0	4132	8,16
	黒の弓 1	4133	8,16
	黒の弓 2	4134	8,16
	黒の弓 3	4135	8,16
	木の矢 0	4136	16,8
	木の矢 1	4137	16,8
	木の矢 2	4138	16,8

画像	名前	番号	サイズ
	木の矢 3	4139	16,8
	金の矢 0	4140	16,8
	金の矢 1	4141	16,8
	金の矢 2	4142	16,8
	金の矢 3	4143	16,8
	黒の矢 0	4144	16,8
	黒の矢 1	4145	16,8
	黒の矢 2	4146	16,8
	黒の矢 3	4147	16,8
	木の槍 0	4148	16,16
	木の槍 1	4149	16,16
	木の槍 2	4150	16,16
	木の槍 3	4151	16,16
	鉄の槍 0	4152	16,16
	鉄の槍 1	4153	16,16
	鉄の槍 2	4154	16,16
	鉄の槍 3	4155	16,16
	凄い槍 0	4156	16,16
	凄い槍 1	4157	16,16
	凄い槍 2	4158	16,16
	凄い槍 3	4159	16,16
	黒い槍 0	4160	16,16
	黒い槍 1	4161	16,16
	黒い槍 2	4162	16,16
	黒い槍 3	4163	16,16

画像	名前	番号	サイズ
	拳 A0	4164	16,16
	拳 A1	4165	16,16
	拳 A2	4166	16,16
	拳 A3	4167	16,16
	拳 B0	4168	16,16
	拳 B1	4169	16,16
	拳 B2	4170	16,16
	拳 B3	4171	16,16
	木の盾 0	4172	16,16
	木の盾 1	4173	16,16
	木の盾 2	4174	16,16
	木の盾 3	4175	16,16
	凄い盾 0	4176	16,16
	凄い盾 1	4177	16,16
	凄い盾 2	4178	16,16
	凄い盾 3	4179	16,16
	黒い盾 0	4180	16,16
	黒い盾 1	4181	16,16
	黒い盾 2	4182	16,16
	黒い盾 3	4183	16,16
	指輪（赤）	4185	16,16
	指輪（青）	4186	16,16
	指輪（緑）	4187	16,16
	固いパン	4188	16,16
	カーソル左上	4189	8,8

画像	名前	番号	サイズ	画像	名前	番号	サイズ	画像	名前	番号	サイズ	画像	名前	番号	サイズ
	カーソル右上	4190	8,8		凄い盾	4215	16,16		宝玉（赤）	4240	16,16		魔法アイコン1	4265	16,16
	カーソル左下	4191	8,8		黒い盾	4216	16,16		宝玉（青）	4241	16,16		魔法アイコン2	4266	16,16
	カーソル右下	4192	8,8		ぼろい服	4217	16,16		宝玉（緑）	4242	16,16		魔法アイコン3	4267	16,16
	普通の剣	4193	16,16		服	4218	16,16		パン	4243	16,16		魔法アイコン4	4268	16,16
	良い剣	4194	16,16		良い服	4219	16,16		革袋	4244	16,16		魔法アイコン5	4269	16,16
	凄い剣	4195	16,16		黒い服	4220	16,16		花	4245	16,16		魔法アイコン6	4270	16,16
	黒い剣	4196	16,16		革鎧	4221	16,16		宝石（赤）	4246	16,16		魔法アイコン7	4271	16,16
	木の杖	4197	16,16		鉄の鎧	4222	16,16		宝石（黄）	4247	16,16		魔法アイコン8	4272	16,16
	鉄の杖	4198	16,16		凄い鎧	4223	16,16		宝石（透明）	4248	16,16		魔法アイコン9	4273	16,16
	凄い杖	4199	16,16		黒い鎧	4224	16,16		宝石（青）	4249	16,16		魔法アイコン10	4274	16,16
	黒い杖	4200	16,16		グローブ	4225	16,16		宝石（緑）	4250	16,16		魔法アイコン11	4275	16,16
	斧	4201	16,16		凄い小手	4226	16,16		本	4251	16,16		魔法アイコン12	4276	16,16
	鉄の斧	4202	16,16		黒い小手	4227	16,16		鏡	4252	16,16		魔法アイコン13	4277	16,16
	金の斧	4203	16,16		靴	4228	16,16		粗末なカギ	4253	16,16		魔法アイコン14	4278	16,16
	黒の斧	4204	16,16		良い靴	4229	16,16		カギ	4254	16,16		魔法アイコン15	4279	16,16
	木の弓矢	4205	16,16		黒い靴	4230	16,16		良いカギ	4255	16,16		魔法アイコン16	4280	16,16
	鉄の弓矢	4206	16,16		革帽子	4231	16,16		凄いカギ	4256	16,16		魔法アイコン17	4281	16,16
	金の弓矢	4207	16,16		鉄兜	4232	16,16		巻物	4257	16,16		ナイフ	4282	16,16
	黒の弓矢	4208	16,16		黒い兜	4233	16,16		攻撃アイコン	4258	16,16		剣	4283	16,16
	木の槍	4209	16,16		玉	4234	16,16		マッスルアイコン	4259	16,16		斧	4284	16,16
	鉄の槍	4210	16,16		マジックハンド	4235	16,16		盾アイコン	4260	16,16		こん棒	4285	16,16
	金の槍	4211	16,16		薬草	4236	16,16		魔法アイコン	4261	16,16		杖	4286	16,16
	黒の槍	4212	16,16		薬（緑）	4237	16,16		道具アイコン	4262	16,16		弓矢	4287	16,16
	木の盾	4213	16,16		薬（赤）	4238	16,16		逃げるアイコン	4263	16,16		メリケンサック	4288	16,16
	鉄の盾	4214	16,16		薬（黄）	4239	16,16		魔法アイコン0	4264	16,16		槍	4289	16,16

名前	番号	サイズ	名前	番号	サイズ	名前	番号	サイズ	名前	番号	サイズ
丸盾	4290	16,16	カンテラ	4315	16,16	船上0	4340	16,16	魔女_攻撃左	4365	16,16
鉄の盾	4291	16,16	フキダシ	4316	16,16	船上1	4341	16,16	魔女_ダメージ上	4366	16,16
布の服	4292	16,16	フキダシ(汗)	4317	16,16	船右0	4342	16,16	魔女_ダメージ右	4367	16,16
胸当て	4293	16,16	フキダシ(ハート)	4318	16,16	船右1	4343	16,16	魔女_ダメージ下	4368	16,16
鎧	4294	16,16	フキダシ(丸)	4319	16,16	船下0	4344	16,16	魔女_ダメージ左	4369	16,16
コート	4295	16,16	フキダシ(バツ)	4320	16,16	船下1	4345	16,16	魔女_バンザイ	4370	16,16
とんがり帽子	4296	16,16	フキダシ(沈黙)	4321	16,16	船左0	4346	16,16	魔女_ピース	4371	16,16
兜	4297	16,16	フキダシ(ひらめき)	4322	16,16	船左1	4347	16,16	僧侶_攻撃上	4372	16,16
靴	4298	16,16	フキダシ(照れ)	4323	16,16	カーソル0	4348	16,16	僧侶_攻撃右	4373	16,16
小手	4299	16,16	フキダシ(怒り)	4324	16,16	カーソル1	4349	16,16	僧侶_攻撃下	4374	16,16
腕輪	4300	16,16	フキダシ(♪)	4325	16,16	ロックカーソル0	4350	16,16	僧侶_攻撃左	4375	16,16
マント	4301	16,16	フキダシ(寝る)	4326	16,16	ロックカーソル1	4351	16,16	僧侶_ダメージ上	4376	16,16
雷アイコン	4302	16,16	フキダシ(ぐちゃぐちゃ)	4327	16,16	戦士_攻撃上	4352	16,16	僧侶_ダメージ右	4377	16,16
刀	4303	16,16	フキダシ(ドクロ)	4328	16,16	戦士_攻撃右	4353	16,16	僧侶_ダメージ下	4378	16,16
銃	4304	16,16	フキダシ(悪魔)	4329	16,16	戦士_攻撃下	4354	16,16	僧侶_ダメージ左	4379	16,16
ムチ	4305	16,16	影	4330	16,16	戦士_攻撃左	4355	16,16	僧侶_バンザイ	4380	16,16
カード	4306	16,16	クリスタル0	4331	16,16	戦士_ダメージ上	4356	16,16	僧侶_ピース	4381	16,16
資料	4307	16,16	クリスタル1	4332	16,16	戦士_ダメージ右	4357	16,16	盗賊_攻撃上	4382	16,16
スマホ	4308	16,16	クリスタル2	4333	16,16	戦士_ダメージ下	4358	16,16	盗賊_攻撃右	4383	16,16
学生服(男子)	4309	16,16	クリスタル3	4334	16,16	戦士_ダメージ左	4359	16,16	盗賊_攻撃下	4384	16,16
学生服(女子)	4310	16,16	クリスタル4	4335	16,16	戦士_バンザイ	4360	16,16	盗賊_攻撃左	4385	16,16
雑誌	4311	16,16	ヒトダマ浮く0	4336	16,16	戦士_ピース	4361	16,16	盗賊_ダメージ上	4386	16,16
角笛	4312	16,16	ヒトダマ浮く1	4337	16,16	魔女_攻撃上	4362	16,16	盗賊_ダメージ右	4387	16,16
ロザリオ	4313	16,16	ヒトダマ浮く2	4338	16,16	魔女_攻撃右	4363	16,16	盗賊_ダメージ下	4388	16,16
ペンダント	4314	16,16	ヒトダマ落ちる	4339	16,16	魔女_攻撃下	4364	16,16	盗賊_ダメージ左	4389	16,16

画像	名前	番号	サイズ
	盗賊_バンザイ	4390	16,16
	盗賊_ピース	4391	16,16
	王様_攻撃上	4392	16,16
	王様_攻撃右	4393	16,16
	王様_攻撃下	4394	16,16
	王様_攻撃左	4395	16,16
	王様_ダメージ上	4396	16,16
	王様_ダメージ右	4397	16,16
	王様_ダメージ下	4398	16,16
	王様_ダメージ左	4399	16,16
	王様_バンザイ	4400	16,16
	王様_ピース	4401	16,16
	姫_攻撃上	4402	16,16
	姫_攻撃右	4403	16,16
	姫_攻撃下	4404	16,16
	姫_攻撃左	4405	16,16
	姫_ダメージ上	4406	16,16
	姫_ダメージ右	4407	16,16
	姫_ダメージ下	4408	16,16
	姫_ダメージ左	4409	16,16
	姫_バンザイ	4410	16,16
	姫_ピース	4411	16,16
	忍者_攻撃上	4412	16,16
	忍者_攻撃右	4413	16,16
	忍者_攻撃下	4414	16,16
	忍者_攻撃左	4415	16,16
	忍者_ダメージ上	4416	16,16
	忍者_ダメージ右	4417	16,16
	忍者_ダメージ下	4418	16,16
	忍者_ダメージ左	4419	16,16
	忍者_バンザイ	4420	16,16
	忍者_ピース	4421	16,16
	くノ一_攻撃上	4422	16,16
	くノ一_攻撃右	4423	16,16
	くノ一_攻撃下	4424	16,16
	くノ一_攻撃左	4425	16,16
	くノ一_ダメージ上	4426	16,16
	くノ一_ダメージ右	4427	16,16
	くノ一_ダメージ下	4428	16,16
	くノ一_ダメージ左	4429	16,16
	くノ一_バンザイ	4430	16,16
	くノ一_ピース	4431	16,16
	白騎士_攻撃上	4432	16,16
	白騎士_攻撃右	4433	16,16
	白騎士_攻撃下	4434	16,16
	白騎士_攻撃左	4435	16,16
	白騎士_ダメージ上	4436	16,16
	白騎士_ダメージ右	4437	16,16
	白騎士_ダメージ下	4438	16,16
	白騎士_ダメージ左	4439	16,16
	白騎士_バンザイ	4440	16,16
	白騎士_ピース	4441	16,16
	黒騎士_攻撃上	4442	16,16
	黒騎士_攻撃右	4443	16,16
	黒騎士_攻撃下	4444	16,16
	黒騎士_攻撃左	4445	16,16
	黒騎士_ダメージ上	4446	16,16
	黒騎士_ダメージ右	4447	16,16
	黒騎士_ダメージ下	4448	16,16
	黒騎士_ダメージ左	4449	16,16
	黒騎士_バンザイ	4450	16,16
	黒騎士_ピース	4451	16,16
	兵士_攻撃上	4452	16,16
	兵士_攻撃右	4453	16,16
	兵士_攻撃下	4454	16,16
	兵士_攻撃左	4455	16,16
	兵士_ダメージ上	4456	16,16
	兵士_ダメージ右	4457	16,16
	兵士_ダメージ下	4458	16,16
	兵士_ダメージ左	4459	16,16
	兵士_バンザイ	4460	16,16
	兵士_ピース	4461	16,16
	メイド_攻撃上	4462	16,16
	メイド_攻撃右	4463	16,16
	メイド_攻撃下	4464	16,16
	メイド_攻撃左	4465	16,16
	メイド_ダメージ上	4466	16,16
	メイド_ダメージ右	4467	16,16
	メイド_ダメージ下	4468	16,16
	メイド_ダメージ左	4469	16,16
	メイド_バンザイ	4470	16,16
	メイド_ピース	4471	16,16
	お兄さん_攻撃上	4472	16,16
	お兄さん_攻撃右	4473	16,16
	お兄さん_攻撃下	4474	16,16
	お兄さん_攻撃左	4475	16,16
	お兄さん_ダメージ上	4476	16,16
	お兄さん_ダメージ右	4477	16,16
	お兄さん_ダメージ下	4478	16,16
	お兄さん_ダメージ左	4479	16,16
	お兄さん_バンザイ	4480	16,16
	お兄さん_ピース	4481	16,16
	お姉さん_攻撃上	4482	16,16
	お姉さん_攻撃右	4483	16,16
	お姉さん_攻撃下	4484	16,16
	お姉さん_攻撃左	4485	16,16
	お姉さん_ダメージ上	4486	16,16
	お姉さん_ダメージ右	4487	16,16
	お姉さん_ダメージ下	4488	16,16
	お姉さん_ダメージ左	4489	16,16

画像	名前	番号	サイズ		名前	番号	サイズ		名前	番号	サイズ		名前	番号	サイズ
	お姉さん_バンザイ	4490	16,16		男の子_攻撃左	4515	16,16		スライム_バンザイ	4540	16,16		ゴブリン_攻撃左	4565	16,16
	お姉さん_ピース	4491	16,16		男の子_ダメージ上	4516	16,16		スライム_決め顔	4541	16,16		ゴブリン_ダメージ上	4566	16,16
	お爺さん_攻撃上	4492	16,16		男の子_ダメージ右	4517	16,16		蛇女_攻撃上	4542	16,16		ゴブリン_ダメージ右	4567	16,16
	お爺さん_攻撃右	4493	16,16		男の子_ダメージ下	4518	16,16		蛇女_攻撃右	4543	16,16		ゴブリン_ダメージ下	4568	16,16
	お爺さん_攻撃下	4494	16,16		男の子_ダメージ左	4519	16,16		蛇女_攻撃下	4544	16,16		ゴブリン_ダメージ左	4569	16,16
	お爺さん_攻撃左	4495	16,16		男の子_バンザイ	4520	16,16		蛇女_攻撃左	4545	16,16		ゴブリン_バンザイ	4570	16,16
	お爺さん_ダメージ上	4496	16,16		男の子_ピース	4521	16,16		蛇女_ダメージ上	4546	16,16		ゴブリン_ピース	4571	16,16
	お爺さん_ダメージ右	4497	16,16		女の子_攻撃上	4522	16,16		蛇女_ダメージ右	4547	16,16		ロボA_攻撃上	4572	16,16
	お爺さん_ダメージ下	4498	16,16		女の子_攻撃右	4523	16,16		蛇女_ダメージ下	4548	16,16		ロボA_攻撃右	4573	16,16
	お爺さん_ダメージ左	4499	16,16		女の子_攻撃下	4524	16,16		蛇女_ダメージ左	4549	16,16		ロボA_攻撃下	4574	16,16
	お爺さん_バンザイ	4500	16,16		女の子_攻撃左	4525	16,16		蛇女_バンザイ	4550	16,16		ロボA_攻撃左	4575	16,16
	お爺さん_ピース	4501	16,16		女の子_ダメージ上	4526	16,16		蛇女_ピース	4551	16,16		ロボA_ダメージ上	4576	16,16
	お婆さん_攻撃上	4502	16,16		女の子_ダメージ右	4527	16,16		妖精_攻撃上	4552	16,16		ロボA_ダメージ右	4577	16,16
	お婆さん_攻撃右	4503	16,16		女の子_ダメージ下	4528	16,16		妖精_攻撃右	4553	16,16		ロボA_ダメージ下	4578	16,16
	お婆さん_攻撃下	4504	16,16		女の子_ダメージ左	4529	16,16		妖精_攻撃下	4554	16,16		ロボA_ダメージ左	4579	16,16
	お婆さん_攻撃左	4505	16,16		女の子_バンザイ	4530	16,16		妖精_攻撃左	4555	16,16		ロボA_バンザイ	4580	16,16
	お婆さん_ダメージ上	4506	16,16		女の子_ピース	4531	16,16		妖精_ダメージ上	4556	16,16		ロボA_ピース	4581	16,16
	お婆さん_ダメージ右	4507	16,16		スライム_攻撃上	4532	16,16		妖精_ダメージ右	4557	16,16		ロボB_攻撃上	4582	16,16
	お婆さん_ダメージ下	4508	16,16		スライム_攻撃右	4533	16,16		妖精_ダメージ下	4558	16,16		ロボB_攻撃右	4583	16,16
	お婆さん_ダメージ左	4509	16,16		スライム_攻撃下	4534	16,16		妖精_ダメージ左	4559	16,16		ロボB_攻撃下	4584	16,16
	お婆さん_バンザイ	4510	16,16		スライム_攻撃左	4535	16,16		妖精_バンザイ	4560	16,16		ロボB_攻撃左	4585	16,16
	お婆さん_ピース	4511	16,16		スライム_ダメージ上	4536	16,16		妖精_ピース	4561	16,16		ロボB_ダメージ上	4586	16,16
	男の子_攻撃上	4512	16,16		スライム_ダメージ右	4537	16,16		ゴブリン_攻撃上	4562	16,16		ロボB_ダメージ右	4587	16,16
	男の子_攻撃右	4513	16,16		スライム_ダメージ下	4538	16,16		ゴブリン_攻撃右	4563	16,16		ロボB_ダメージ下	4588	16,16
	男の子_攻撃下	4514	16,16		スライム_ダメージ左	4539	16,16		ゴブリン_攻撃下	4564	16,16		ロボB_ダメージ左	4589	16,16

画像	名前	番号	サイズ		名前	番号	サイズ		名前	番号	サイズ		名前	番号	サイズ
	ロボB_バンザイ	4590	16,16		ゆうれい_攻撃左	4615	16,16		女戦士_歩き下0	4640	16,16		ジョニー_歩き右2	4665	16,16
	ロボB_ピース	4591	16,16		ゆうれい_ダメージ上	4616	16,16		女戦士_歩き下1	4641	16,16		ジョニー_歩き右3	4666	16,16
	ミイラ_攻撃上	4592	16,16		ゆうれい_ダメージ右	4617	16,16		女戦士_歩き下2	4642	16,16		ジョニー_歩き下0	4667	16,16
	ミイラ_攻撃右	4593	16,16		ゆうれい_ダメージ下	4618	16,16		女戦士_歩き下3	4643	16,16		ジョニー_歩き下1	4668	16,16
	ミイラ_攻撃下	4594	16,16		ゆうれい_ダメージ左	4619	16,16		女戦士_歩き左0	4644	16,16		ジョニー_歩き下2	4669	16,16
	ミイラ_攻撃左	4595	16,16		ゆうれい_バンザイ	4620	16,16		女戦士_歩き左1	4645	16,16		ジョニー_歩き下3	4670	16,16
	ミイラ_ダメージ上	4596	16,16		ゆうれい_ピース	4621	16,16		女戦士_歩き左2	4646	16,16		ジョニー_歩き左0	4671	16,16
	ミイラ_ダメージ右	4597	16,16		コウモリ_攻撃上	4622	16,16		女戦士_歩き左3	4647	16,16		ジョニー_歩き左1	4672	16,16
	ミイラ_ダメージ下	4598	16,16		コウモリ_攻撃右	4623	16,16		女戦士_やられ	4648	16,16		ジョニー_歩き左2	4673	16,16
	ミイラ_ダメージ左	4599	16,16		コウモリ_攻撃下	4624	16,16		女戦士_攻撃上	4649	16,16		ジョニー_歩き左3	4674	16,16
	ミイラ_バンザイ	4600	16,16		コウモリ_攻撃左	4625	16,16		女戦士_攻撃右	4650	16,16		ジョニー_やられ	4675	16,16
	ミイラ_ピース	4601	16,16		コウモリ_ダメージ上	4626	16,16		女戦士_攻撃下	4651	16,16		ジョニー_攻撃上	4676	16,16
	がいこつ_攻撃上	4602	16,16		コウモリ_ダメージ右	4627	16,16		女戦士_攻撃左	4652	16,16		ジョニー_攻撃右	4677	16,16
	がいこつ_攻撃右	4603	16,16		コウモリ_ダメージ下	4628	16,16		女戦士_ダメージ上	4653	16,16		ジョニー_攻撃下	4678	16,16
	がいこつ_攻撃下	4604	16,16		コウモリ_ダメージ左	4629	16,16		女戦士_ダメージ右	4654	16,16		ジョニー_攻撃左	4679	16,16
	がいこつ_攻撃左	4605	16,16		コウモリ_バンザイ	4630	16,16		女戦士_ダメージ下	4655	16,16		ジョニー_ダメージ上	4680	16,16
	がいこつ_ダメージ上	4606	16,16		コウモリ_ピース	4631	16,16		女戦士_ダメージ左	4656	16,16		ジョニー_ダメージ右	4681	16,16
	がいこつ_ダメージ右	4607	16,16		女戦士_歩き上0	4632	16,16		女戦士_バンザイ	4657	16,16		ジョニー_ダメージ下	4682	16,16
	がいこつ_ダメージ下	4608	16,16		女戦士_歩き上1	4633	16,16		女戦士_ピース	4658	16,16		ジョニー_ダメージ左	4683	16,16
	がいこつ_ダメージ左	4609	16,16		女戦士_歩き上2	4634	16,16		ジョニー_歩き上0	4659	16,16		ジョニー_バンザイ	4684	16,16
	がいこつ_バンザイ	4610	16,16		女戦士_歩き上3	4635	16,16		ジョニー_歩き上1	4660	16,16		ジョニー_ピース	4685	16,16
	がいこつ_ピース	4611	16,16		女戦士_歩き右0	4636	16,16		ジョニー_歩き上2	4661	16,16		大臣_歩き上0	4686	16,16
	ゆうれい_攻撃上	4612	16,16		女戦士_歩き右1	4637	16,16		ジョニー_歩き上3	4662	16,16		大臣_歩き上1	4687	16,16
	ゆうれい_攻撃右	4613	16,16		女戦士_歩き右2	4638	16,16		ジョニー_歩き右0	4663	16,16		大臣_歩き上2	4688	16,16
	ゆうれい_攻撃下	4614	16,16		女戦士_歩き右3	4639	16,16		ジョニー_歩き右1	4664	16,16		大臣_歩き上3	4689	16,16

画像	名前	番号	サイズ	画像	名前	番号	サイズ	画像	名前	番号	サイズ	画像	名前	番号	サイズ
	大臣_歩き右0	4690	16,16		海賊_歩き上2	4715	16,16		宇宙服君_歩き上0	4740	16,16		宇宙服君_バンザイ	4765	16,16
	大臣_歩き右1	4691	16,16		海賊_歩き上3	4716	16,16		宇宙服君_歩き上1	4741	16,16		宇宙服君_ピース	4766	16,16
	大臣_歩き右2	4692	16,16		海賊_歩き右0	4717	16,16		宇宙服君_歩き上2	4742	16,16		潜水服君_歩き上0	4767	16,16
	大臣_歩き右3	4693	16,16		海賊_歩き右1	4718	16,16		宇宙服君_歩き上3	4743	16,16		潜水服君_歩き上1	4768	16,16
	大臣_歩き下0	4694	16,16		海賊_歩き右2	4719	16,16		宇宙服君_歩き右0	4744	16,16		潜水服君_歩き上2	4769	16,16
	大臣_歩き下1	4695	16,16		海賊_歩き右3	4720	16,16		宇宙服君_歩き右1	4745	16,16		潜水服君_歩き上3	4770	16,16
	大臣_歩き下2	4696	16,16		海賊_歩き下0	4721	16,16		宇宙服君_歩き右2	4746	16,16		潜水服君_歩き右0	4771	16,16
	大臣_歩き下3	4697	16,16		海賊_歩き下1	4722	16,16		宇宙服君_歩き右3	4747	16,16		潜水服君_歩き右1	4772	16,16
	大臣_歩き左0	4698	16,16		海賊_歩き下2	4723	16,16		宇宙服君_歩き下0	4748	16,16		潜水服君_歩き右2	4773	16,16
	大臣_歩き左1	4699	16,16		海賊_歩き下3	4724	16,16		宇宙服君_歩き下1	4749	16,16		潜水服君_歩き右3	4774	16,16
	大臣_歩き左2	4700	16,16		海賊_歩き左0	4725	16,16		宇宙服君_歩き下2	4750	16,16		潜水服君_歩き下0	4775	16,16
	大臣_歩き左3	4701	16,16		海賊_歩き左1	4726	16,16		宇宙服君_歩き下3	4751	16,16		潜水服君_歩き下1	4776	16,16
	大臣_やられ	4702	16,16		海賊_歩き左2	4727	16,16		宇宙服君_歩き左0	4752	16,16		潜水服君_歩き下2	4777	16,16
	大臣_攻撃上	4703	16,16		海賊_歩き左3	4728	16,16		宇宙服君_歩き左1	4753	16,16		潜水服君_歩き下3	4778	16,16
	大臣_攻撃右	4704	16,16		海賊_やられ	4729	16,16		宇宙服君_歩き左2	4754	16,16		潜水服君_歩き左0	4779	16,16
	大臣_攻撃下	4705	16,16		海賊_攻撃上	4730	16,16		宇宙服君_歩き左3	4755	16,16		潜水服君_歩き左1	4780	16,16
	大臣_攻撃左	4706	16,16		海賊_攻撃右	4731	16,16		宇宙服君_やられ	4756	16,16		潜水服君_歩き左2	4781	16,16
	大臣_ダメージ上	4707	16,16		海賊_攻撃下	4732	16,16		宇宙服君_攻撃上	4757	16,16		潜水服君_歩き左3	4782	16,16
	大臣_ダメージ右	4708	16,16		海賊_攻撃左	4733	16,16		宇宙服君_攻撃右	4758	16,16		潜水服君_やられ	4783	16,16
	大臣_ダメージ下	4709	16,16		海賊_ダメージ上	4734	16,16		宇宙服君_攻撃下	4759	16,16		潜水服君_攻撃上	4784	16,16
	大臣_ダメージ左	4710	16,16		海賊_ダメージ右	4735	16,16		宇宙服君_攻撃左	4760	16,16		潜水服君_攻撃右	4785	16,16
	大臣_バンザイ	4711	16,16		海賊_ダメージ下	4736	16,16		宇宙服君_ダメージ上	4761	16,16		潜水服君_攻撃下	4786	16,16
	大臣_ピース	4712	16,16		海賊_ダメージ左	4737	16,16		宇宙服君_ダメージ右	4762	16,16		潜水服君_攻撃左	4787	16,16
	海賊_歩き上0	4713	16,16		海賊_バンザイ	4738	16,16		宇宙服君_ダメージ下	4763	16,16		潜水服君_ダメージ上	4788	16,16
	海賊_歩き上1	4714	16,16		海賊_ピース	4739	16,16		宇宙服君_ダメージ左	4764	16,16		潜水服君_ダメージ右	4789	16,16

画像	名前	番号	サイズ		画像	名前	番号	サイズ		画像	名前	番号	サイズ		画像	名前	番号	サイズ
	潜水服君_ダメージ下	4790	16,16			魚人_ダメージ上	4815	16,16			鳥女_攻撃下	4840	16,16			目玉_攻撃上	4865	16,16
	潜水服君_ダメージ左	4791	16,16			魚人_ダメージ右	4816	16,16			鳥女_攻撃左	4841	16,16			目玉_攻撃右	4866	16,16
	潜水服君_バンザイ	4792	16,16			魚人_ダメージ下	4817	16,16			鳥女_ダメージ上	4842	16,16			目玉_攻撃下	4867	16,16
	潜水服君_ピース	4793	16,16			魚人_ダメージ左	4818	16,16			鳥女_ダメージ右	4843	16,16			目玉_攻撃左	4868	16,16
	魚人_歩き上0	4794	16,16			魚人_バンザイ	4819	16,16			鳥女_ダメージ下	4844	16,16			目玉_ダメージ上	4869	16,16
	魚人_歩き上1	4795	16,16			魚人_ピース	4820	16,16			鳥女_ダメージ左	4845	16,16			目玉_ダメージ右	4870	16,16
	魚人_歩き上2	4796	16,16			鳥女_移動上0	4821	16,16			鳥女_バンザイ	4846	16,16			目玉_ダメージ下	4871	16,16
	魚人_歩き上3	4797	16,16			鳥女_移動上1	4822	16,16			鳥女_ピース	4847	16,16			目玉_ダメージ左	4872	16,16
	魚人_歩き右0	4798	16,16			鳥女_移動上2	4823	16,16			目玉_移動上0	4848	16,16			目玉_バンザイ	4873	16,16
	魚人_歩き右1	4799	16,16			鳥女_移動上3	4824	16,16			目玉_移動上1	4849	16,16			目玉_決め顔	4874	16,16
	魚人_歩き右2	4800	16,16			鳥女_移動右0	4825	16,16			目玉_移動上2	4850	16,16			蜂_移動上0	4875	16,16
	魚人_歩き右3	4801	16,16			鳥女_移動右1	4826	16,16			目玉_移動上3	4851	16,16			蜂_移動上1	4876	16,16
	魚人_歩き下0	4802	16,16			鳥女_移動右2	4827	16,16			目玉_移動右0	4852	16,16			蜂_移動上2	4877	16,16
	魚人_歩き下1	4803	16,16			鳥女_移動右3	4828	16,16			目玉_移動右1	4853	16,16			蜂_移動上3	4878	16,16
	魚人_歩き下2	4804	16,16			鳥女_移動下0	4829	16,16			目玉_移動右2	4854	16,16			蜂_移動右0	4879	16,16
	魚人_歩き下3	4805	16,16			鳥女_移動下1	4830	16,16			目玉_移動右3	4855	16,16			蜂_移動右1	4880	16,16
	魚人_歩き左0	4806	16,16			鳥女_移動下2	4831	16,16			目玉_移動下0	4856	16,16			蜂_移動右2	4881	16,16
	魚人_歩き左1	4807	16,16			鳥女_移動下3	4832	16,16			目玉_移動下1	4857	16,16			蜂_移動右3	4882	16,16
	魚人_歩き左2	4808	16,16			鳥女_移動左0	4833	16,16			目玉_移動下2	4858	16,16			蜂_移動下0	4883	16,16
	魚人_歩き左3	4809	16,16			鳥女_移動左1	4834	16,16			目玉_移動下3	4859	16,16			蜂_移動下1	4884	16,16
	魚人_やられ	4810	16,16			鳥女_移動左2	4835	16,16			目玉_移動左0	4860	16,16			蜂_移動下2	4885	16,16
	魚人_攻撃上	4811	16,16			鳥女_移動左3	4836	16,16			目玉_移動左1	4861	16,16			蜂_移動下3	4886	16,16
	魚人_攻撃右	4812	16,16			鳥女_やられ	4837	16,16			目玉_移動左2	4862	16,16			蜂_移動左0	4887	16,16
	魚人_攻撃下	4813	16,16			鳥女_攻撃上	4838	16,16			目玉_移動左3	4863	16,16			蜂_移動左1	4888	16,16
	魚人_攻撃左	4814	16,16			鳥女_攻撃右	4839	16,16			目玉_やられ	4864	16,16			蜂_移動左2	4889	16,16

名前	番号	サイズ
蜂_移動左3	4890	16,16
蜂_やられ	4891	16,16
蜂_攻撃上	4892	16,16
蜂_攻撃右	4893	16,16
蜂_攻撃下	4894	16,16
蜂_攻撃左	4895	16,16
蜂_ダメージ上	4896	16,16
蜂_ダメージ右	4897	16,16
蜂_ダメージ下	4898	16,16
蜂_ダメージ左	4899	16,16
蜂_バンザイ	4900	16,16
蜂_決め	4901	16,16
ビット0	4902	16,16
ビット1	4903	16,16
ビット2	4904	16,16
ビット3	4905	16,16
ビット青0	4906	16,16
ビット青1	4907	16,16
ビット青2	4908	16,16
ビット青3	4909	16,16
シューティング敵I青0	4910	16,16
シューティング敵I青1	4911	16,16
シューティング敵I青2	4912	16,16
シューティング敵I青3	4913	16,16
シューティング敵I青4	4914	16,16
シューティング敵I青5	4915	16,16
シューティング敵I赤0	4916	16,16
シューティング敵I赤1	4917	16,16
シューティング敵I赤2	4918	16,16
シューティング敵I赤3	4919	16,16
シューティング敵I赤4	4920	16,16
シューティング敵I赤5	4921	16,16
パワーアップアイテム青0	4922	16,16
パワーアップアイテム青1	4923	16,16
パワーアップアイテム青2	4924	16,16
パワーアップアイテム青3	4925	16,16
パワーアップアイテム赤0	4926	16,16
パワーアップアイテム赤1	4927	16,16
パワーアップアイテム赤2	4928	16,16
パワーアップアイテム赤3	4929	16,16
パワーアップアイテム黄0	4930	16,16
パワーアップアイテム黄1	4931	16,16
パワーアップアイテム黄2	4932	16,16
パワーアップアイテム黄3	4933	16,16
シューティング敵J0	4934	24,16
シューティング敵J1	4935	24,16
シューティング敵J2	4936	24,16
シューティング敵J3	4937	24,16
シューティング敵K0	4938	32,16
シューティング敵K1	4939	32,16
シューティング敵K2	4940	32,16
シューティング敵K3	4941	32,16
シューティング敵K4	4942	32,16
シューティング敵K5	4943	32,16
シューティング敵K6	4944	32,16
カプセル青0	4945	16,16
カプセル青1	4946	16,16
カプセル青2	4947	16,16
カプセル青3	4948	16,16
カプセル赤0	4949	16,16
カプセル赤1	4950	16,16
カプセル赤2	4951	16,16
カプセル赤3	4952	16,16
カプセル黄0	4953	16,16
カプセル黄1	4954	16,16
カプセル黄2	4955	16,16
カプセル黄3	4956	16,16
がいこつおやぶん背面_移動右0	4957	32,32
がいこつおやぶん背面_移動右1	4958	32,32
がいこつおやぶん背面_移動右2	4959	32,32
がいこつおやぶん背面_移動右3	4960	32,32
がいこつおやぶん背面_移動左0	4961	32,32
がいこつおやぶん背面_移動左1	4962	32,32
がいこつおやぶん背面_移動左2	4963	32,32
がいこつおやぶん背面_移動左3	4964	32,32
がいこつおやぶん背面_威嚇右0	4965	32,32
がいこつおやぶん背面_威嚇右1	4966	32,32
がいこつおやぶん背面_威嚇左0	4967	32,32
がいこつおやぶん背面_威嚇左1	4968	32,32
がいこつおやぶん背面_攻撃右0	4969	32,32
がいこつおやぶん背面_攻撃右1	4970	32,32
がいこつおやぶん背面_攻撃右2	4971	32,32
がいこつおやぶん背面_攻撃左0	4972	32,32
がいこつおやぶん背面_攻撃左1	4973	32,32
がいこつおやぶん背面_攻撃左2	4974	32,32
小エビ敵	4975	32,32
小エビ敵右移動	4976	32,32
小エビ敵左移動	4977	32,32
マジックハンド持ち手上	4978	8,8
マジックハンド持ち手右	4979	8,8
マジックハンド持ち手下	4980	8,8
マジックハンド持ち手左	4981	8,8
チェーン	4982	8,8
マジックハンド開き上	4983	8,8
マジックハンド開き右	4984	8,8
マジックハンド開き下	4985	8,8
マジックハンド開き左	4986	8,8
マジックハンド閉じ上	4987	8,8
マジックハンド閉じ右	4988	8,8
マジックハンド閉じ下	4989	8,8

名前	番号	サイズ
マジックハンド閉じ左	4990	8,8
剣アイコン	4991	8,8
杖アイコン	4992	8,8
盾アイコン	4993	8,8
素手アイコン	4994	8,8
矢アイコン	4995	8,8
弓アイコン	4996	8,8
チェックボックス	4997	8,8
チェックボックスチェック有り	4998	8,8
♪	4999	8,8
手裏剣	5000	8,8
靴アイコン	5001	8,8
鎧アイコン	5002	8,8
兜アイコン	5003	8,8
カギアイコン	5004	8,8
影	5005	16,8
大きい船上0	5006	32,24
大きい船上1	5007	32,24
大きい船右0	5008	32,24
大きい船右1	5009	32,24
大きい船下0	5010	32,24
大きい船下1	5011	32,24
大きい船左0	5012	32,24
大きい船左1	5013	32,24
スライムおやぶん_基本姿勢右	5014	32,32
スライムおやぶん_基本姿勢左	5015	32,32
スライムおやぶん_やられ	5016	32,32
スライムおやぶん_移動0	5017	32,32
スライムおやぶん_移動1	5018	32,32
スライムおやぶん_移動2	5019	32,32
スライムおやぶん_手前の手右	5020	16,16
スライムおやぶん_手前の手左	5021	16,16
スライムおやぶん_奥の手右	5022	16,16
スライムおやぶん_奥の手左	5023	16,16
スライムおやぶん_攻撃の手右	5024	32,32
スライムおやぶん_攻撃の手左	5025	32,32
横シューティング自機A右0	5026	32,16
横シューティング自機A右1	5027	32,16
横シューティング自機A右2	5028	32,16
横シューティング自機A左0	5029	32,16
横シューティング自機A左1	5030	32,16
横シューティング自機A左2	5031	32,16
横シューティング自機B右0	5032	32,16
横シューティング自機B右1	5033	32,16
横シューティング自機B右2	5034	32,16
横シューティング自機B左0	5035	32,16
横シューティング自機B左1	5036	32,16
横シューティング自機B左2	5037	32,16
ショット右0	5038	32,16
ショット右1	5039	32,16
ショット左0	5040	32,16
ショット左1	5041	32,16
大ミサイル右0	5042	32,16
大ミサイル右1	5043	32,16
大ミサイル右2	5044	32,16
大ミサイル左0	5045	32,16
大ミサイル左1	5046	32,16
大ミサイル左2	5047	32,16
シューティング敵M0	5048	32,16
シューティング敵M1	5049	32,16
シューティング敵M2	5050	32,16
シューティング敵N左0	5051	32,16
シューティング敵N左1	5052	32,16
シューティング敵N右0	5053	32,16
シューティング敵N右1	5054	32,16
シューティング自機縦	5055	16,32
シューティング自機縦右	5056	16,32
シューティング自機縦左	5057	16,32
バリア左0	5058	16,32
バリア左1	5059	16,32
バリア左2	5060	16,32
バリア右0	5061	16,32
バリア右1	5062	16,32
バリア右2	5063	16,32
砲台左0	5064	16,32
砲台左1	5065	16,32
砲台左2	5066	16,32
砲台左3	5067	16,32
砲台右0	5068	16,32
砲台右1	5069	16,32
砲台右2	5070	16,32
砲台右3	5071	16,32
シューティング敵O	5072	32,32
シューティング敵P	5073	32,32
シューティング敵Q	5074	32,32
男A_歩き上0	5077	24,32
男A_歩き上1	5078	24,32
男A_歩き上2	5079	24,32
男A_歩き上3	5080	24,32
男A_歩き右0	5081	24,32
男A_歩き右1	5082	24,32
男A_歩き右2	5083	24,32
男A_歩き右3	5084	24,32
男A_歩き下0	5085	24,32
男A_歩き下1	5086	24,32
男A_歩き下2	5087	24,32
男A_歩き下3	5088	24,32
男A_歩き左0	5089	24,32
男A_歩き左1	5090	24,32
男A_歩き左2	5091	24,32

画像	名前	番号	サイズ
	男A_歩き左3	5092	24,32
	女A_歩き上0	5093	24,32
	女A_歩き上1	5094	24,32
	女A_歩き上2	5095	24,32
	女A_歩き上3	5096	24,32
	女A_歩き右0	5097	24,32
	女A_歩き右1	5098	24,32
	女A_歩き右2	5099	24,32
	女A_歩き右3	5100	24,32
	女A_歩き下0	5101	24,32
	女A_歩き下1	5102	24,32
	女A_歩き下2	5103	24,32
	女A_歩き下3	5104	24,32
	女A_歩き左0	5105	24,32
	女A_歩き左1	5106	24,32
	女A_歩き左2	5107	24,32
	女A_歩き左3	5108	24,32
	男B_歩き上0	5109	24,32
	男B_歩き上1	5110	24,32
	男B_歩き上2	5111	24,32
	男B_歩き上3	5112	24,32
	男B_歩き右0	5113	24,32
	男B_歩き右1	5114	24,32
	男B_歩き右2	5115	24,32
	男B_歩き右3	5116	24,32

画像	名前	番号	サイズ
	男B_歩き下0	5117	24,32
	男B_歩き下1	5118	24,32
	男B_歩き下2	5119	24,32
	男B_歩き下3	5120	24,32
	男B_歩き左0	5121	24,32
	男B_歩き左1	5122	24,32
	男B_歩き左2	5123	24,32
	男B_歩き左3	5124	24,32
	女B_歩き上0	5125	24,32
	女B_歩き上1	5126	24,32
	女B_歩き上2	5127	24,32
	女B_歩き上3	5128	24,32
	女B_歩き右0	5129	24,32
	女B_歩き右1	5130	24,32
	女B_歩き右2	5131	24,32
	女B_歩き右3	5132	24,32
	女B_歩き下0	5133	24,32
	女B_歩き下1	5134	24,32
	女B_歩き下2	5135	24,32
	女B_歩き下3	5136	24,32
	女B_歩き左0	5137	24,32
	女B_歩き左1	5138	24,32
	女B_歩き左2	5139	24,32
	女B_歩き左3	5140	24,32
	男C_歩き上0	5141	24,32

画像	名前	番号	サイズ
	男C_歩き上1	5142	24,32
	男C_歩き上2	5143	24,32
	男C_歩き上3	5144	24,32
	男C_歩き右0	5145	24,32
	男C_歩き右1	5146	24,32
	男C_歩き右2	5147	24,32
	男C_歩き右3	5148	24,32
	男C_歩き下0	5149	24,32
	男C_歩き下1	5150	24,32
	男C_歩き下2	5151	24,32
	男C_歩き下3	5152	24,32
	男C_歩き左0	5153	24,32
	男C_歩き左1	5154	24,32
	男C_歩き左2	5155	24,32
	男C_歩き左3	5156	24,32
	女C_歩き上0	5157	24,32
	女C_歩き上1	5158	24,32
	女C_歩き上2	5159	24,32
	女C_歩き上3	5160	24,32
	女C_歩き右0	5161	24,32
	女C_歩き右1	5162	24,32
	女C_歩き右2	5163	24,32
	女C_歩き右3	5164	24,32
	女C_歩き下0	5165	24,32
	女C_歩き下1	5166	24,32

画像	名前	番号	サイズ
	女C_歩き下2	5167	24,32
	女C_歩き下3	5168	24,32
	女C_歩き左0	5169	24,32
	女C_歩き左1	5170	24,32
	女C_歩き左2	5171	24,32
	女C_歩き左3	5172	24,32
	お兄さん_歩き上0	5173	24,32
	お兄さん_歩き上1	5174	24,32
	お兄さん_歩き上2	5175	24,32
	お兄さん_歩き上3	5176	24,32
	お兄さん_歩き右0	5177	24,32
	お兄さん_歩き右1	5178	24,32
	お兄さん_歩き右2	5179	24,32
	お兄さん_歩き右3	5180	24,32
	お兄さん_歩き下0	5181	24,32
	お兄さん_歩き下1	5182	24,32
	お兄さん_歩き下2	5183	24,32
	お兄さん_歩き下3	5184	24,32
	お兄さん_歩き左0	5185	24,32
	お兄さん_歩き左1	5186	24,32
	お兄さん_歩き左2	5187	24,32
	お兄さん_歩き左3	5188	24,32
	お姉さん_歩き上0	5189	24,32
	お姉さん_歩き上1	5190	24,32
	お姉さん_歩き上2	5191	24,32

画像	名前	番号	サイズ
	お姉さん_歩き上3	5192	24,32
	お姉さん_歩き右0	5193	24,32
	お姉さん_歩き右1	5194	24,32
	お姉さん_歩き右2	5195	24,32
	お姉さん_歩き右3	5196	24,32
	お姉さん_歩き下0	5197	24,32
	お姉さん_歩き下1	5198	24,32
	お姉さん_歩き下2	5199	24,32
	お姉さん_歩き下3	5200	24,32
	お姉さん_歩き左0	5201	24,32
	お姉さん_歩き左1	5202	24,32
	お姉さん_歩き左2	5203	24,32
	お姉さん_歩き左3	5204	24,32
	商人_歩き上0	5205	24,32
	商人_歩き上1	5206	24,32
	商人_歩き上2	5207	24,32
	商人_歩き上3	5208	24,32
	商人_歩き右0	5209	24,32
	商人_歩き右1	5210	24,32
	商人_歩き右2	5211	24,32
	商人_歩き右3	5212	24,32
	商人_歩き下0	5213	24,32
	商人_歩き下1	5214	24,32
	商人_歩き下2	5215	24,32
	商人_歩き下3	5216	24,32
	商人_歩き左0	5217	24,32
	商人_歩き左1	5218	24,32
	商人_歩き左2	5219	24,32
	商人_歩き左3	5220	24,32
	シスター_歩き上0	5221	24,32
	シスター_歩き上1	5222	24,32
	シスター_歩き上2	5223	24,32
	シスター_歩き上3	5224	24,32
	シスター_歩き右0	5225	24,32
	シスター_歩き右1	5226	24,32
	シスター_歩き右2	5227	24,32
	シスター_歩き右3	5228	24,32
	シスター_歩き下0	5229	24,32
	シスター_歩き下1	5230	24,32
	シスター_歩き下2	5231	24,32
	シスター_歩き下3	5232	24,32
	シスター_歩き左0	5233	24,32
	シスター_歩き左1	5234	24,32
	シスター_歩き左2	5235	24,32
	シスター_歩き左3	5236	24,32
	モヒカン_歩き上0	5237	24,32
	モヒカン_歩き上1	5238	24,32
	モヒカン_歩き上2	5239	24,32
	モヒカン_歩き上3	5240	24,32
	モヒカン_歩き右0	5241	24,32
	モヒカン_歩き右1	5242	24,32
	モヒカン_歩き右2	5243	24,32
	モヒカン_歩き右3	5244	24,32
	モヒカン_歩き下0	5245	24,32
	モヒカン_歩き下1	5246	24,32
	モヒカン_歩き下2	5247	24,32
	モヒカン_歩き下3	5248	24,32
	モヒカン_歩き左0	5249	24,32
	モヒカン_歩き左1	5250	24,32
	モヒカン_歩き左2	5251	24,32
	モヒカン_歩き左3	5252	24,32
	バニーガール_歩き上0	5253	24,32
	バニーガール_歩き上1	5254	24,32
	バニーガール_歩き上2	5255	24,32
	バニーガール_歩き上3	5256	24,32
	バニーガール_歩き右0	5257	24,32
	バニーガール_歩き右1	5258	24,32
	バニーガール_歩き右2	5259	24,32
	バニーガール_歩き右3	5260	24,32
	バニーガール_歩き下0	5261	24,32
	バニーガール_歩き下1	5262	24,32
	バニーガール_歩き下2	5263	24,32
	バニーガール_歩き下3	5264	24,32
	バニーガール_歩き左0	5265	24,32
	バニーガール_歩き左1	5266	24,32
	バニーガール_歩き左2	5267	24,32
	バニーガール_歩き左3	5268	24,32
	貴族_歩き上0	5269	24,32
	貴族_歩き上1	5270	24,32
	貴族_歩き上2	5271	24,32
	貴族_歩き上3	5272	24,32
	貴族_歩き右0	5273	24,32
	貴族_歩き右1	5274	24,32
	貴族_歩き右2	5275	24,32
	貴族_歩き右3	5276	24,32
	貴族_歩き下0	5277	24,32
	貴族_歩き下1	5278	24,32
	貴族_歩き下2	5279	24,32
	貴族_歩き下3	5280	24,32
	貴族_歩き左0	5281	24,32
	貴族_歩き左1	5282	24,32
	貴族_歩き左2	5283	24,32
	貴族_歩き左3	5284	24,32
	メイド_歩き上0	5285	24,32
	メイド_歩き上1	5286	24,32
	メイド_歩き上2	5287	24,32
	メイド_歩き上3	5288	24,32
	メイド_歩き右0	5289	24,32
	メイド_歩き右1	5290	24,32
	メイド_歩き右2	5291	24,32

画像	名前	番号	サイズ	画像	名前	番号	サイズ	画像	名前	番号	サイズ	画像	名前	番号	サイズ
	メイド_歩き右3	5292	24,32		妖精_移動上0	5317	24,32		王様_歩き下1	5342	24,32		姫_歩き上2	5367	24,32
	メイド_歩き下0	5293	24,32		妖精_移動上1	5318	24,32		王様_歩き下2	5343	24,32		姫_歩き上3	5368	24,32
	メイド_歩き下1	5294	24,32		妖精_移動上2	5319	24,32		王様_歩き下3	5344	24,32		姫_歩き右0	5369	24,32
	メイド_歩き下2	5295	24,32		妖精_移動上3	5320	24,32		王様_歩き左0	5345	24,32		姫_歩き右1	5370	24,32
	メイド_歩き下3	5296	24,32		妖精_移動右0	5321	24,32		王様_歩き左1	5346	24,32		姫_歩き右2	5371	24,32
	メイド_歩き左0	5297	24,32		妖精_移動右1	5322	24,32		王様_歩き左2	5347	24,32		姫_歩き右3	5372	24,32
	メイド_歩き左1	5298	24,32		妖精_移動右2	5323	24,32		王様_歩き左3	5348	24,32		姫_歩き下0	5373	24,32
	メイド_歩き左2	5299	24,32		妖精_移動右3	5324	24,32		女王_歩き上0	5349	24,32		姫_歩き下1	5374	24,32
	メイド_歩き左3	5300	24,32		妖精_移動下0	5325	24,32		女王_歩き上1	5350	24,32		姫_歩き下2	5375	24,32
	子供_歩き上0	5301	24,32		妖精_移動下1	5326	24,32		女王_歩き上2	5351	24,32		姫_歩き下3	5376	24,32
	子供_歩き上1	5302	24,32		妖精_移動下2	5327	24,32		女王_歩き上3	5352	24,32		姫_歩き左0	5377	24,32
	子供_歩き上2	5303	24,32		妖精_移動下3	5328	24,32		女王_歩き右0	5353	24,32		姫_歩き左1	5378	24,32
	子供_歩き上3	5304	24,32		妖精_移動左0	5329	24,32		女王_歩き右1	5354	24,32		姫_歩き左2	5379	24,32
	子供_歩き右0	5305	24,32		妖精_移動左1	5330	24,32		女王_歩き右2	5355	24,32		姫_歩き左3	5380	24,32
	子供_歩き右1	5306	24,32		妖精_移動左2	5331	24,32		女王_歩き右3	5356	24,32		白騎士_歩き上0	5381	24,32
	子供_歩き右2	5307	24,32		妖精_移動左3	5332	24,32		女王_歩き下0	5357	24,32		白騎士_歩き上1	5382	24,32
	子供_歩き右3	5308	24,32		王様_歩き上0	5333	24,32		女王_歩き下1	5358	24,32		白騎士_歩き上2	5383	24,32
	子供_歩き下0	5309	24,32		王様_歩き上1	5334	24,32		女王_歩き下2	5359	24,32		白騎士_歩き上3	5384	24,32
	子供_歩き下1	5310	24,32		王様_歩き上2	5335	24,32		女王_歩き下3	5360	24,32		白騎士_歩き右0	5385	24,32
	子供_歩き下2	5311	24,32		王様_歩き上3	5336	24,32		女王_歩き左0	5361	24,32		白騎士_歩き右1	5386	24,32
	子供_歩き下3	5312	24,32		王様_歩き右0	5337	24,32		女王_歩き左1	5362	24,32		白騎士_歩き右2	5387	24,32
	子供_歩き左0	5313	24,32		王様_歩き右1	5338	24,32		女王_歩き左2	5363	24,32		白騎士_歩き右3	5388	24,32
	子供_歩き左1	5314	24,32		王様_歩き右2	5339	24,32		女王_歩き左3	5364	24,32		白騎士_歩き下0	5389	24,32
	子供_歩き左2	5315	24,32		王様_歩き右3	5340	24,32		姫_歩き上0	5365	24,32		白騎士_歩き下1	5390	24,32
	子供_歩き左3	5316	24,32		王様_歩き下0	5341	24,32		姫_歩き上1	5366	24,32		白騎士_歩き下2	5391	24,32

画像	名前	番号	サイズ		画像	名前	番号	サイズ		画像	名前	番号	サイズ		画像	名前	番号	サイズ
	白騎士_歩き下3	5392	24,32			ネコ_歩き右0	5417	24,32			ミノタウロス_歩き左1	5442	24,32			ゴースト_移動右2	5467	24,32
	白騎士_歩き左0	5393	24,32			ネコ_歩き右1	5418	24,32			ミノタウロス_歩き左2	5443	24,32			ゴースト_移動右3	5468	24,32
	白騎士_歩き左1	5394	24,32			ネコ_歩き右2	5419	24,32			ミノタウロス_歩き左3	5444	24,32			ゴースト_移動下0	5469	24,32
	白騎士_歩き左2	5395	24,32			ネコ_歩き右3	5420	24,32			スライム_歩き上0	5445	24,32			ゴースト_移動下1	5470	24,32
	白騎士_歩き左3	5396	24,32			ネコ_歩き下0	5421	24,32			スライム_歩き上1	5446	24,32			ゴースト_移動下2	5471	24,32
	兵士_歩き上0	5397	24,32			ネコ_歩き下1	5422	24,32			スライム_歩き上2	5447	24,32			ゴースト_移動下3	5472	24,32
	兵士_歩き上1	5398	24,32			ネコ_歩き下2	5423	24,32			スライム_歩き上3	5448	24,32			ゴースト_移動左0	5473	24,32
	兵士_歩き上2	5399	24,32			ネコ_歩き下3	5424	24,32			スライム_歩き右0	5449	24,32			ゴースト_移動左1	5474	24,32
	兵士_歩き上3	5400	24,32			ネコ_歩き左0	5425	24,32			スライム_歩き右1	5450	24,32			ゴースト_移動左2	5475	24,32
	兵士_歩き右0	5401	24,32			ネコ_歩き左1	5426	24,32			スライム_歩き右2	5451	24,32			ゴースト_移動左3	5476	24,32
	兵士_歩き右1	5402	24,32			ネコ_歩き左2	5427	24,32			スライム_歩き右3	5452	24,32			スケルトン_歩き上0	5477	24,32
	兵士_歩き右2	5403	24,32			ネコ_歩き左3	5428	24,32			スライム_歩き下0	5453	24,32			スケルトン_歩き上1	5478	24,32
	兵士_歩き右3	5404	24,32			ミノタウロス_歩き上0	5429	24,32			スライム_歩き下1	5454	24,32			スケルトン_歩き上2	5479	24,32
	兵士_歩き下0	5405	24,32			ミノタウロス_歩き上1	5430	24,32			スライム_歩き下2	5455	24,32			スケルトン_歩き上3	5480	24,32
	兵士_歩き下1	5406	24,32			ミノタウロス_歩き上2	5431	24,32			スライム_歩き下3	5456	24,32			スケルトン_歩き右0	5481	24,32
	兵士_歩き下2	5407	24,32			ミノタウロス_歩き上3	5432	24,32			スライム_歩き左0	5457	24,32			スケルトン_歩き右1	5482	24,32
	兵士_歩き下3	5408	24,32			ミノタウロス_歩き右0	5433	24,32			スライム_歩き左1	5458	24,32			スケルトン_歩き右2	5483	24,32
	兵士_歩き左0	5409	24,32			ミノタウロス_歩き右1	5434	24,32			スライム_歩き左2	5459	24,32			スケルトン_歩き右3	5484	24,32
	兵士_歩き左1	5410	24,32			ミノタウロス_歩き右2	5435	24,32			スライム_歩き左3	5460	24,32			スケルトン_歩き下0	5485	24,32
	兵士_歩き左2	5411	24,32			ミノタウロス_歩き右3	5436	24,32			ゴースト_移動上0	5461	24,32			スケルトン_歩き下1	5486	24,32
	兵士_歩き左3	5412	24,32			ミノタウロス_歩き下0	5437	24,32			ゴースト_移動上1	5462	24,32			スケルトン_歩き下2	5487	24,32
	ネコ_歩き上0	5413	24,32			ミノタウロス_歩き下1	5438	24,32			ゴースト_移動上2	5463	24,32			スケルトン_歩き下3	5488	24,32
	ネコ_歩き上1	5414	24,32			ミノタウロス_歩き下2	5439	24,32			ゴースト_移動上3	5464	24,32			スケルトン_歩き左0	5489	24,32
	ネコ_歩き上2	5415	24,32			ミノタウロス_歩き下3	5440	24,32			ゴースト_移動右0	5465	24,32			スケルトン_歩き左1	5490	24,32
	ネコ_歩き上3	5416	24,32			ミノタウロス_歩き左0	5441	24,32			ゴースト_移動右1	5466	24,32			スケルトン_歩き左2	5491	24,32

名前	番号	サイズ
スケルトン_歩き左3	5492	24,32
魔獣_歩き上0	5493	24,32
魔獣_歩き上1	5494	24,32
魔獣_歩き上2	5495	24,32
魔獣_歩き上3	5496	24,32
魔獣_歩き右0	5497	24,32
魔獣_歩き右1	5498	24,32
魔獣_歩き右2	5499	24,32
魔獣_歩き右3	5500	24,32
魔獣_歩き下0	5501	24,32
魔獣_歩き下1	5502	24,32
魔獣_歩き下2	5503	24,32
魔獣_歩き下3	5504	24,32
魔獣_歩き左0	5505	24,32
魔獣_歩き左1	5506	24,32
魔獣_歩き左2	5507	24,32
魔獣_歩き左3	5508	24,32
魔族_歩き上0	5509	24,32
魔族_歩き上1	5510	24,32
魔族_歩き上2	5511	24,32
魔族_歩き上3	5512	24,32
魔族_歩き右0	5513	24,32
魔族_歩き右1	5514	24,32
魔族_歩き右2	5515	24,32
魔族_歩き右3	5516	24,32
魔族_歩き下0	5517	24,32
魔族_歩き下1	5518	24,32
魔族_歩き下2	5519	24,32
魔族_歩き下3	5520	24,32
魔族_歩き左0	5521	24,32
魔族_歩き左1	5522	24,32
魔族_歩き左2	5523	24,32
魔族_歩き左3	5524	24,32
戦士_歩き上0	5525	24,32
戦士_歩き上1	5526	24,32
戦士_歩き上2	5527	24,32
戦士_歩き上3	5528	24,32
戦士_歩き右0	5529	24,32
戦士_歩き右1	5530	24,32
戦士_歩き右2	5531	24,32
戦士_歩き右3	5532	24,32
戦士_歩き下0	5533	24,32
戦士_歩き下1	5534	24,32
戦士_歩き下2	5535	24,32
戦士_歩き下3	5536	24,32
戦士_歩き左0	5537	24,32
戦士_歩き左1	5538	24,32
戦士_歩き左2	5539	24,32
戦士_歩き左3	5540	24,32
魔女_歩き上0	5541	24,32
魔女_歩き上1	5542	24,32
魔女_歩き上2	5543	24,32
魔女_歩き上3	5544	24,32
魔女_歩き右0	5545	24,32
魔女_歩き右1	5546	24,32
魔女_歩き右2	5547	24,32
魔女_歩き右3	5548	24,32
魔女_歩き下0	5549	24,32
魔女_歩き下1	5550	24,32
魔女_歩き下2	5551	24,32
魔女_歩き下3	5552	24,32
魔女_歩き左0	5553	24,32
魔女_歩き左1	5554	24,32
魔女_歩き左2	5555	24,32
魔女_歩き左3	5556	24,32
僧侶_歩き上0	5557	24,32
僧侶_歩き上1	5558	24,32
僧侶_歩き上2	5559	24,32
僧侶_歩き上3	5560	24,32
僧侶_歩き右0	5561	24,32
僧侶_歩き右1	5562	24,32
僧侶_歩き右2	5563	24,32
僧侶_歩き右3	5564	24,32
僧侶_歩き下0	5565	24,32
僧侶_歩き下1	5566	24,32
僧侶_歩き下2	5567	24,32
僧侶_歩き下3	5568	24,32
僧侶_歩き左0	5569	24,32
僧侶_歩き左1	5570	24,32
僧侶_歩き左2	5571	24,32
僧侶_歩き左3	5572	24,32
盗賊_歩き上0	5573	24,32
盗賊_歩き上1	5574	24,32
盗賊_歩き上2	5575	24,32
盗賊_歩き上3	5576	24,32
盗賊_歩き右0	5577	24,32
盗賊_歩き右1	5578	24,32
盗賊_歩き右2	5579	24,32
盗賊_歩き右3	5580	24,32
盗賊_歩き下0	5581	24,32
盗賊_歩き下1	5582	24,32
盗賊_歩き下2	5583	24,32
盗賊_歩き下3	5584	24,32
盗賊_歩き左0	5585	24,32
盗賊_歩き左1	5586	24,32
盗賊_歩き左2	5587	24,32
盗賊_歩き左3	5588	24,32
ハカセ_歩き上0	5589	24,32
ハカセ_歩き上1	5590	24,32
ハカセ_歩き上2	5591	24,32

画像	名前	番号	サイズ		名前	番号	サイズ		名前	番号	サイズ		名前	番号	サイズ
	ハカセ_歩き上3	5592	24,32		ワンパク_歩き左0	5617	24,32		インテリ_歩き右1	5642	24,32		黒ずくめ_歩き左2	5667	24,32
	ハカセ_歩き右0	5593	24,32		ワンパク_歩き左1	5618	24,32		インテリ_歩き右2	5643	24,32		黒づくめ_歩き左3	5668	24,32
	ハカセ_歩き右1	5594	24,32		ワンパク_歩き左2	5619	24,32		インテリ_歩き右3	5644	24,32		ヒトダマ_アニメ0	5669	24,32
	ハカセ_歩き右2	5595	24,32		ワンパク_歩き左3	5620	24,32		インテリ_歩き下0	5645	24,32		ヒトダマ_アニメ1	5670	24,32
	ハカセ_歩き右3	5596	24,32		神崎_歩き上0	5621	24,32		インテリ_歩き下1	5646	24,32		ヒトダマ_アニメ2	5671	24,32
	ハカセ_歩き下0	5597	24,32		神崎_歩き上1	5622	24,32		インテリ_歩き下2	5647	24,32		ヒトダマ_アニメ3	5672	24,32
	ハカセ_歩き下1	5598	24,32		神崎_歩き上2	5623	24,32		インテリ_歩き下3	5648	24,32		△カーソル→	7156	16,16
	ハカセ_歩き下2	5599	24,32		神崎_歩き上3	5624	24,32		インテリ_歩き左0	5649	24,32		△カーソル↓	7157	16,16
	ハカセ_歩き下3	5600	24,32		神崎_歩き右0	5625	24,32		インテリ_歩き左1	5650	24,32		カーソル→	7158	16,16
	ハカセ_歩き左0	5601	24,32		神崎_歩き右1	5626	24,32		インテリ_歩き左2	5651	24,32		カーソル↓	7159	16,16
	ハカセ_歩き左1	5602	24,32		神崎_歩き右2	5627	24,32		インテリ_歩き左3	5652	24,32		矢印カーソル→	7160	16,16
	ハカセ_歩き左2	5603	24,32		神崎_歩き右3	5628	24,32		黒ずくめ_歩き上0	5653	24,32		矢印カーソル↓	7161	16,16
	ハカセ_歩き左3	5604	24,32		神崎_歩き下0	5629	24,32		黒ずくめ_歩き上1	5654	24,32		指カーソル→	7162	16,16
	ワンパク_歩き上0	5605	24,32		神崎_歩き下1	5630	24,32		黒ずくめ_歩き上2	5655	24,32		指カーソル↓	7163	16,16
	ワンパク_歩き上1	5606	24,32		神崎_歩き下2	5631	24,32		黒ずくめ_歩き上3	5656	24,32		スマイルマーク	7164	16,16
	ワンパク_歩き上2	5607	24,32		神崎_歩き下3	5632	24,32		黒ずくめ_歩き右0	5657	24,32		回転する四角0	7165	16,16
	ワンパク_歩き上3	5608	24,32		神崎_歩き左0	5633	24,32		黒ずくめ_歩き右1	5658	24,32		回転する四角1	7166	16,16
	ワンパク_歩き右0	5609	24,32		神崎_歩き左1	5634	24,32		黒ずくめ_歩き右2	5659	24,32		回転する四角2	7167	16,16
	ワンパク_歩き右1	5610	24,32		神崎_歩き左2	5635	24,32		黒ずくめ_歩き右3	5660	24,32		回転する四角3	7168	16,16
	ワンパク_歩き右2	5611	24,32		神崎_歩き左3	5636	24,32		黒ずくめ_歩き下0	5661	24,32		四角パネル	7169	16,16
	ワンパク_歩き右3	5612	24,32		インテリ_歩き上0	5637	24,32		黒ずくめ_歩き下1	5662	24,32		ブロック	7170	16,16
	ワンパク_歩き下0	5613	24,32		インテリ_歩き上1	5638	24,32		黒ずくめ_歩き下2	5663	24,32		黄色の宝石0	7171	16,16
	ワンパク_歩き下1	5614	24,32		インテリ_歩き上2	5639	24,32		黒ずくめ_歩き下3	5664	24,32		黄色の宝石1	7172	16,16
	ワンパク_歩き下2	5615	24,32		インテリ_歩き上3	5640	24,32		黒ずくめ_歩き左0	5665	24,32		黄色の宝石2	7173	16,16
	ワンパク_歩き下3	5616	24,32		インテリ_歩き右0	5641	24,32		黒ずくめ_歩き左1	5666	24,32		黄色の宝石3	7174	16,16

画像	名前	番号	サイズ		画像	名前	番号	サイズ		画像	名前	番号	サイズ		画像	名前	番号	サイズ
	赤の宝石 0	7175	16,16			カプセル 1	7200	16,16			赤カプセル 0	7225	16,16			ターゲットカーソル A1	7250	16,16
	赤の宝石 1	7176	16,16			P パネル 0	7201	16,16			赤カプセル 1	7226	16,16			ターゲットカーソル A2	7251	16,16
	赤の宝石 2	7177	16,16			P パネル 1	7202	16,16			赤カプセル 2	7227	16,16			ターゲットカーソル B0	7252	16,16
	赤の宝石 3	7178	16,16			P パネル 2	7203	16,16			赤カプセル 3	7228	16,16			ターゲットカーソル B1	7253	16,16
	青の宝石 0	7179	16,16			ドルパネル 0	7204	16,16			青カプセル 0	7229	16,16			ターゲットカーソル B2	7254	16,16
	青の宝石 1	7180	16,16			ドルパネル 1	7205	16,16			青カプセル 1	7230	16,16			大キューブ 0	7255	32,32
	青の宝石 2	7181	16,16			ドルパネル 2	7206	16,16			青カプセル 2	7231	16,16			大キューブ 1	7256	32,32
	青の宝石 3	7182	16,16			S パネル 0	7207	16,16			青カプセル 3	7232	16,16			大キューブ 2	7257	32,32
	P マーク 0	7183	16,16			S パネル 1	7208	16,16			オレンジカプセル 0	7233	16,16			大キューブ 3	7258	32,32
	P マーク 1	7184	16,16			S パネル 2	7209	16,16			オレンジカプセル 1	7234	16,16			大キューブ 4	7259	32,32
	P マーク 2	7185	16,16			M パネル 0	7210	16,16			オレンジカプセル 2	7235	16,16			大キューブ 5	7260	32,32
	カプセル光	7186	16,16			M パネル 1	7211	16,16			オレンジカプセル 3	7236	16,16			大キューブ 6	7261	32,32
	カプセル P0	7187	16,16			M パネル 2	7212	16,16			緑カプセル 0	7237	16,16			大キューブ 7	7262	32,32
	カプセル P1	7188	16,16			L パネル 0	7213	16,16			緑カプセル 1	7238	16,16			キューブ 0	7263	16,16
	カプセル S0	7189	16,16			L パネル 1	7214	16,16			緑カプセル 2	7239	16,16			キューブ 1	7264	16,16
	カプセル S1	7190	16,16			L パネル 2	7215	16,16			緑カプセル 3	7240	16,16			キューブ 2	7265	16,16
	カプセル M0	7191	16,16			O パネル 0	7216	16,16			紫カプセル 0	7241	16,16			キューブ 3	7266	16,16
	カプセル M1	7192	16,16			O パネル 1	7217	16,16			紫カプセル 1	7242	16,16			キューブ 4	7267	16,16
	カプセル L0	7193	16,16			O パネル 2	7218	16,16			紫カプセル 2	7243	16,16			キューブ 5	7268	16,16
	カプセル L1	7194	16,16			B パネル 0	7219	16,16			紫カプセル 3	7244	16,16			キューブ 6	7269	16,16
	カプセル O0	7195	16,16			B パネル 1	7220	16,16			灰カプセル 0	7245	16,16			キューブ 7	7270	16,16
	カプセル O1	7196	16,16			B パネル 2	7221	16,16			灰カプセル 1	7246	16,16			キューブ 8	7271	16,16
	カプセル B0	7197	16,16			パネル回転アニメ 0	7222	16,16			灰カプセル 2	7247	16,16			キューブ 9	7272	16,16
	カプセル B1	7198	16,16			パネル回転アニメ 1	7223	16,16			灰カプセル 3	7248	16,16			キューブ 10	7273	16,16
	カプセル 0	7199	16,16			パネル回転アニメ 2	7224	16,16			ターゲットカーソル A0	7249	16,16			キューブ 11	7274	16,16

名前	番号	サイズ	名前	番号	サイズ	名前	番号	サイズ	名前	番号	サイズ
キューブ12	7275	16,16	爆発エフェクトB0	7300	16,16	レーザー先端1	7329	16,16	弾D0	7354	8,8
キューブ13	7276	16,16	爆発エフェクトB1	7301	16,16	レーザー0	7330	16,8	弾D1	7355	8,8
キューブ14	7277	16,16	爆発エフェクトB2	7302	16,16	レーザー1	7331	16,8	弾D2	7356	8,8
キューブ15	7278	16,16	爆発エフェクトB3	7303	16,16	レーザー2	7332	16,8	弾D3	7357	8,8
エフェクトA0	7279	16,16	爆発エフェクトB4	7304	16,16	レーザー3	7333	16,8	弾E0	7358	8,8
エフェクトA1	7280	16,16	爆発エフェクトB5	7305	16,16	弾00	7334	8,16	弾E1	7359	8,8
エフェクトA2	7281	16,16	爆発エフェクト大0	7306	32,32	弾01	7335	8,16	弾E2	7360	8,8
エフェクトA3	7282	16,16	爆発エフェクト大1	7307	32,32	弾02	7336	8,16	弾E3	7361	8,8
エフェクトB0	7283	16,16	爆発エフェクト大2	7308	32,32	弾03	7337	8,16	弾F0	7362	8,8
エフェクトB1	7284	16,16	爆発エフェクト大3	7309	32,32	弾04	7338	8,16	弾F1	7363	8,8
エフェクトB2	7285	16,16	爆発エフェクト大4	7310	32,32	弾05	7339	16,16	弾F2	7364	8,8
エフェクトC0	7286	16,16	大エフェクトA0	7315	32,32	弾06	7340	32,16	弾F3	7365	8,8
エフェクトC1	7287	16,16	大エフェクトA1	7316	32,32	弾07	7341	32,16	弾G0	7366	8,8
エフェクトC2	7288	16,16	大エフェクトB	7317	32,32	弾A0	7342	8,8	弾G1	7367	8,8
エフェクトC3	7289	16,16	炎0	7318	16,16	弾A1	7343	8,8	弾G2	7368	8,8
エフェクトD0	7290	16,16	炎1	7319	16,16	弾A2	7344	8,8	弾G3	7369	8,8
エフェクトD1	7291	16,16	極太レーザー先端0	7320	32,16	弾A3	7345	8,8	弾H0	7370	8,8
エフェクトD2	7292	16,16	極太レーザー先端1	7321	32,16	弾B0	7346	8,8	弾H1	7371	8,8
エフェクトD3	7293	16,16	極太レーザー0	7322	32,8	弾B1	7347	8,8	弾H2	7372	8,8
爆破エフェクトA0	7294	16,16	極太レーザー1	7323	32,8	弾B2	7348	8,8	弾H3	7373	8,8
爆破エフェクトA1	7295	16,16	太レーザー先端0	7324	16,16	弾B3	7349	8,8	小レーザー0	7374	8,16
爆破エフェクトA2	7296	16,16	太レーザー先端1	7325	16,8	弾C0	7350	8,8	小レーザー1	7375	8,16
爆破エフェクトA3	7297	16,16	太レーザー0	7326	16,8	弾C1	7351	8,8	弾08	7376	8,16
爆破エフェクトA4	7298	16,16	太レーザー1	7327	16,8	弾C2	7352	8,8	弾09	7377	8,16
爆破エフェクトA5	7299	16,16	レーザー先端0	7328	16,16	弾C3	7353	8,8	破片A0	7378	8,8

名前	番号	サイズ	名前	番号	サイズ	名前	番号	サイズ	名前	番号	サイズ
破片 A1	7379	8,8	小型敵 4	7404	16,16	小型敵 29	7429	16,16	小型敵 54	7454	16,16
破片 A2	7380	8,8	小型敵 5	7405	16,16	小型敵 30	7430	16,16	小型敵 55	7455	16,16
破片 A3	7381	8,8	小型敵 6	7406	16,16	小型敵 31	7431	16,16	小型敵 56	7456	16,16
破片 B0	7382	8,8	小型敵 7	7407	16,16	小型敵 32	7432	16,16	小型敵 57	7457	16,16
破片 B1	7383	8,8	小型敵 8	7408	16,16	小型敵 33	7433	16,16	小型敵 58	7458	16,16
破片 B2	7384	8,8	小型敵 9	7409	16,16	小型敵 34	7434	16,16	小型敵 59	7459	16,16
破片 B3	7385	8,8	小型敵 10	7410	16,16	小型敵 35	7435	16,16	小型敵 60	7460	16,16
ミサイル 0	7386	8,16	小型敵 11	7411	16,16	小型敵 36	7436	16,16	小型敵 61	7461	16,16
ミサイル 1	7387	8,16	小型敵 12	7412	16,16	小型敵 37	7437	16,16	小型敵 62	7462	16,16
ミサイル斜め 0	7388	16,16	小型敵 13	7413	16,16	小型敵 38	7438	16,16	小型敵 63	7463	16,16
ミサイル斜め 1	7389	16,16	小型敵 14	7414	16,16	小型敵 39	7439	16,16	小型敵 64	7464	16,16
ビームチャージ 0	7390	16,16	小型敵 15	7415	16,16	小型敵 40	7440	16,16	小型敵 65	7465	16,16
ビームチャージ 1	7391	16,16	小型敵 16	7416	16,16	小型敵 41	7441	16,16	小型敵 66	7466	16,16
ビームチャージ 2	7392	16,16	小型敵 17	7417	16,16	小型敵 42	7442	16,16	小型敵 67	7467	16,16
ビームチャージ 3	7393	16,16	小型敵 18	7418	16,16	小型敵 43	7443	16,16	小型敵 68	7468	16,16
ビーム先端 0	7394	16,16	小型敵 19	7419	16,16	小型敵 44	7444	16,16	小型敵 69	7469	16,16
ビーム先端 1	7395	16,16	小型敵 20	7420	16,16	小型敵 45	7445	16,16	小型敵 70	7470	16,16
ビーム中 0	7396	2,16	小型敵 21	7421	16,16	小型敵 46	7446	16,16	小型敵 71	7471	16,16
ビーム中 1	7397	2,16	小型敵 22	7422	16,16	小型敵 47	7447	16,16	小型敵 72	7472	16,16
ビーム後端 0	7398	14,16	小型敵 23	7423	16,16	小型敵 48	7448	16,16	小型敵 73	7473	16,16
ビーム後端 1	7399	14,16	小型敵 24	7424	16,16	小型敵 49	7449	16,16	小型敵 74	7474	16,16
小型敵 0	7400	16,16	小型敵 25	7425	16,16	小型敵 50	7450	16,16	小型敵 75	7475	16,16
小型敵 1	7401	16,16	小型敵 26	7426	16,16	小型敵 51	7451	16,16	小型敵 76	7476	16,16
小型敵 2	7402	16,16	小型敵 27	7427	16,16	小型敵 52	7452	16,16	小型敵 77	7477	16,16
小型敵 3	7403	16,16	小型敵 28	7428	16,16	小型敵 53	7453	16,16	小型敵 78	7478	16,16

画像	名前	番号	サイズ	画像	名前	番号	サイズ	画像	名前	番号	サイズ	画像	名前	番号	サイズ
	小型敵79	7479	16,16		ビット8	7504	16,16		自機小C0	7529	16,16		自機小E7	7554	16,16
	小型敵80	7480	16,16		ビット9	7505	16,16		自機小C1	7530	16,16		自機小E8	7555	16,16
	小型敵81	7481	16,16		岩小0	7506	16,16		自機小C2	7531	16,16		自機小F0	7556	16,16
	小型敵82	7482	16,16		岩小1	7507	16,16		自機小C3	7532	16,16		自機小F1	7557	16,16
	小型敵83	7483	16,16		岩小2	7508	16,16		自機小C4	7533	16,16		自機小F2	7558	16,16
	小型敵84	7484	16,16		岩小3	7509	16,16		自機小C5	7534	16,16		自機小F3	7559	16,16
	小型敵85	7485	16,16		岩大	7510	32,32		自機小C6	7535	16,16		自機小F4	7560	16,16
	小型敵86	7486	16,16		自機小A0	7511	16,16		自機小C7	7536	16,16		自機小F5	7561	16,16
	小型敵87	7487	16,16		自機小A1	7512	16,16		自機小C8	7537	16,16		自機小F6	7562	16,16
	小型敵88	7488	16,16		自機小A2	7513	16,16		自機小D0	7538	16,16		自機小F7	7563	16,16
	小型敵89	7489	16,16		自機小A3	7514	16,16		自機小D1	7539	16,16		自機小F8	7564	16,16
	小型敵90	7490	16,16		自機小A4	7515	16,16		自機小D2	7540	16,16		謎自機	7565	32,32
	小型敵91	7491	16,16		自機小A5	7516	16,16		自機小D3	7541	16,16		自機A0	7566	24,24
	小型敵92	7492	16,16		自機小A6	7517	16,16		自機小D4	7542	16,16		自機A1	7567	24,24
	小型敵93	7493	16,16		自機小A7	7518	16,16		自機小D5	7543	16,16		自機A2	7568	24,24
	小型敵94	7494	16,16		自機小A8	7519	16,16		自機小D6	7544	16,16		自機A3	7569	24,24
	小型敵95	7495	16,16		自機小B0	7520	16,16		自機小D7	7545	16,16		自機A4	7570	24,24
	ビット0	7496	16,16		自機小B1	7521	16,16		自機小D8	7546	16,16		自機A5	7571	24,24
	ビット1	7497	16,16		自機小B2	7522	16,16		自機小E0	7547	16,16		自機A6	7572	24,24
	ビット2	7498	16,16		自機小B3	7523	16,16		自機小E1	7548	16,16		自機A7	7573	24,24
	ビット3	7499	16,16		自機小B4	7524	16,16		自機小E2	7549	16,16		自機B0	7574	24,24
	ビット4	7500	16,16		自機小B5	7525	16,16		自機小E3	7550	16,16		自機B1	7575	24,24
	ビット5	7501	16,16		自機小B6	7526	16,16		自機小E4	7551	16,16		自機B2	7576	24,24
	ビット6	7502	16,16		自機小B7	7527	16,16		自機小E5	7552	16,16		自機B3	7577	24,24
	ビット7	7503	16,16		自機小B8	7528	16,16		自機小E6	7553	16,16		自機B4	7578	24,24

画像	名前	番号	サイズ	画像	名前	番号	サイズ	画像	名前	番号	サイズ	画像	名前	番号	サイズ
	自機 B5	7579	24,24		自機 E6	7604	24,24		中型敵 15	7629	16,32		大型敵 26	7656	32,32
	自機 B6	7580	24,24		自機 E7	7605	24,24		大型敵 0	7630	32,32		大型敵 27	7657	32,32
	自機 B7	7581	24,24		自機 F0	7606	24,24		大型敵 1	7631	32,32		大型敵 28	7658	32,32
	自機 C0	7582	24,24		自機 F1	7607	24,24		大型敵 2	7632	32,32		大型敵 29	7659	32,32
	自機 C1	7583	24,24		自機 F2	7608	24,24		大型敵 3	7633	32,32		大型敵 30	7660	32,32
	自機 C2	7584	24,24		自機 F3	7609	24,24		大型敵 4	7634	32,32		大型敵 31	7661	32,32
	自機 C3	7585	24,24		自機 F4	7610	24,24		大型敵 5	7635	32,32		大型敵 32	7662	32,32
	自機 C4	7586	24,24		自機 F5	7611	24,24		大型敵 6	7636	32,32		大型敵 33	7663	32,32
	自機 C5	7587	24,24		自機 F6	7612	24,24		大型敵 7	7637	32,32		大型敵 34	7664	32,32
	自機 C6	7588	24,24		自機 F7	7613	24,24		大型敵 8	7638	32,32		大型敵 35	7665	32,32
	自機 C7	7589	24,24		中型敵 0	7614	32,16		大型敵 9	7639	32,32		大型敵 36	7666	32,32
	自機 D0	7590	24,24		中型敵 1	7615	32,16		大型敵 10	7640	32,32		大型敵 37	7667	32,32
	自機 D1	7591	24,24		中型敵 2	7616	32,16		大型敵 11	7641	32,32		CAUTION 上	7693	32,32
	自機 D2	7592	24,24		中型敵 3	7617	32,16		大型敵 12	7642	32,32		CAUTION 下	7694	32,32
	自機 D3	7593	24,24		中型敵 4	7618	32,16		大型敵 13	7643	32,32		CAUTION 左	7695	32,32
	自機 D4	7594	24,24		中型敵 5	7619	32,16		大型敵 14	7644	32,32		CAUTION 右	7696	32,32
	自機 D5	7595	24,24		中型敵 6	7620	32,16		大型敵 15	7645	32,32		ビックリマーク	7697	16,16
	自機 D6	7596	24,24		中型敵 7	7621	32,16		大型敵 16	7646	32,32		ハテナマーク	7698	16,16
	自機 D7	7597	24,24		中型敵 8	7622	32,16		大型敵 17	7647	32,32		顔 0	7737	32,32
	自機 E0	7598	24,24		中型敵 9	7623	32,16		大型敵 18	7648	32,32		顔 1	7738	32,32
	自機 E1	7599	24,24		中型敵 10	7624	32,16		大型敵 19	7649	32,32		顔 2	7739	32,32
	自機 E2	7600	24,24		中型敵 11	7625	32,16		大型敵 20	7650	32,32		顔 3	7740	32,32
	自機 E3	7601	24,24		中型敵 12	7626	16,32		大型敵 23	7653	32,32		顔 4	7741	32,32
	自機 E4	7602	24,24		中型敵 13	7627	16,32		大型敵 24	7654	32,32		顔 5	7742	32,32
	自機 E5	7603	24,24		中型敵 14	7628	16,32		大型敵 25	7655	32,32		顔 6	7743	32,32

画像	名前	番号	サイズ
	顔7	7744	32,32
	顔8	7745	32,32
	顔9	7746	32,32
	顔10	7747	32,32
	ウィンドウ_左上	7748	16,16
	ウィンドウ_上	7749	16,16
	ウィンドウ_右上	7750	16,16
	ウィンドウ_左	7751	16,16
	ウィンドウ_中央	7752	16,16
	ウィンドウ_右	7753	16,16
	ウィンドウ_左下	7754	16,16
	ウィンドウ_下	7755	16,16
	ウィンドウ_右下	7756	16,16
	ラン子_歩き上0	7760	24,32
	ラン子_歩き上1	7761	24,32
	ラン子_歩き上2	7762	24,32
	ラン子_歩き上3	7763	24,32
	ラン子_歩き右0	7764	24,32
	ラン子_歩き右1	7765	24,32
	ラン子_歩き右2	7766	24,32
	ラン子_歩き右3	7767	24,32
	ラン子_歩き下0	7768	24,32
	ラン子_歩き下1	7769	24,32
	ラン子_歩き下2	7770	24,32
	ラン子_歩き下3	7771	24,32

画像	名前	番号	サイズ
	ラン子_歩き左0	7772	24,32
	ラン子_歩き左1	7773	24,32
	ラン子_歩き左2	7774	24,32
	ラン子_歩き左3	7775	24,32
	ラン子_普通	7776	32,32
		7779	64,64
	ラン子_ショック	7777	32,32
		7780	64,64
	ラン子_喜び	7778	32,32
		7781	64,64

画像	名前	番号	サイズ
	リフト_左	1235	16,16
		6908	32,32
	リフト_中央	1236	16,16
		6909	32,32
	リフト_右	1237	16,16
		6910	32,32
	リフトまとめ	1238	48,16
		6911	96,32
	雲_左	1239	16,16
		6912	32,32
	雲_中央	1240	16,16
		6913	32,32
	雲_右	1241	16,16
		6914	32,32
	雲まとめ	1242	48,16
		6915	96,32
	丸太_左	1243	16,16
		6916	32,32
	丸太_中央	1244	16,16
		6917	32,32
	丸太_右	1245	16,16
		6918	32,32
	丸太まとめ	1246	48,16
		6919	96,32
	トゲトゲ罠_左	1247	16,16
	トゲトゲ罠_中央	1248	16,16
	トゲトゲ罠_右	1249	16,16
	トゲトゲ罠まとめ	1250	48,16
	エビ大将_ボディ	1447	32,48
		7120	64,96
	エビ大将_尻尾0	1448	32,32
		7121	64,64
	エビ大将_尻尾1	1449	32,32
		7122	64,64
	エビ大将_尻尾2	1450	32,24
		7123	64,48
	エビ大将_尻尾3	1451	32,16
		7124	64,32
	エビ大将_尻尾4	1452	32,16
		7125	64,32
	エビ大将_主砲後ろ	1456	16,32
		7129	32,64

画像	名前	番号	サイズ		名前	番号	サイズ
	エビ大将_主砲カバー	1457	24,48		爆発エフェクト特大0	7311	64,64
		7130	48,96				
	エビ大将_主砲カバー_壊れ	1458	24,40		爆発エフェクト特大1	7312	64,64
		7131	48,80				
	エビ大将_主砲	1459	16,64		爆発エフェクト特大2	7313	64,64
		7132	32,128				
	カニ将軍_主砲カバー左	1463	24,48		爆発エフェクト特大3	7314	64,64
		7136	48,96				
	カニ将軍_主砲カバー右	1464	24,48		大型敵21	7651	48,48
		7137	48,96				
	カニ将軍_ボディ	1465	48,72		大型敵22	7652	48,48
		7138	96,144				
	カニ将軍_脚	1466	80,16		横長大型0	7668	64,32
		7139	160,32				
	カニ将軍_脚_副砲	1467	64,16		横長大型1	7669	64,32
		7140	128,32				
	カニ将軍_砲身	1482	24,48		横長大型2	7670	64,32
		7155	48,96		横長大型3	7671	64,32
	巨大敵A	5075	64,64		横長中型0	7672	48,32
					横長中型1	7673	48,32
	巨大敵B	5076	192,64		横長中型2	7674	48,32
					横長中型3	7675	48,32
	トゲトゲワナ_左	6920	32,32		縦長中型0	7676	32,48
	トゲトゲワナ_中央	6921	32,32				
	トゲトゲワナ_右	6922	32,32		縦長中型1	7677	32,48
	トゲトゲワナまとめ	6923	96,32				

画像	名前	番号	サイズ
	縦長中型2	7678	32,48
	特大敵0	7679	64,48
	特大敵1	7680	48,96
	特大敵2	7681	48,96
SPEED	アイテムセレクト0	7682	48,8
DOUBLE	アイテムセレクト1	7683	48,8
OPTION	アイテムセレクト2	7684	48,8
SHADOW	アイテムセレクト3	7685	48,8
WIDE	アイテムセレクト4	7686	48,8
MISSILE	アイテムセレクト5	7687	48,8
LASER	アイテムセレクト6	7688	48,8
SHIELD	アイテムセレクト7	7689	48,8
VULCAN	アイテムセレクト8	7690	48,8
SPREAD	アイテムセレクト9	7691	48,8
GAME OVER	ゲームオーバー	7692	64,32
	帯左	7699	120,32
	帯中央	7700	160,32
	帯右	7701	120,32
	ボスA	7702	128,144

画像	名前	番号	サイズ
	ボスB本体	7703	64,80
	ボスBパーツ0	7704	32,80
	ボスBパーツ1	7705	32,80
	ボスBパーツ2	7706	16,16
	ボスBパーツ3	7707	16,16
	ボスBパーツ4	7708	32,64
	ボスC本体	7709	64,80
	ボスCパーツ0	7710	16,64
	ボスCパーツ1	7711	16,16
	ボスCパーツ2	7712	16,16
	ボスCパーツ3	7713	16,16
	ボスCパーツ4	7714	16,16
	ボスCパーツ5	7715	8,16
	ボスCパーツ6	7716	8,16
	ボスCパーツ7	7717	8,16
	ボスCパーツ8	7718	8,16
	ボスD本体	7719	128,72

画像	名前	番号	サイズ
	ボスDパーツ0	7720	48,48
	ボスDパーツ1	7721	48,48
	ボスDパーツ2	7722	32,32
	ボスE本体	7723	64,64
	ボスEパーツ0	7724	16,32
	ボスEパーツ1	7725	16,16
	ボスEパーツ2	7726	16,16
	ボスEパーツ3	7727	16,16
	ボスEパーツ4	7728	16,16
	ボスEパーツ5	7729	16,16
	ボスE光線0	7730	16,16
	ボスE光線1	7731	16,16
	ボスE光線2	7732	16,16
	ボスF本体	7733	48,64
	ボスFパーツ0	7734	16,16
	ボスFパーツ1	7735	16,16
	ボスFパーツ2	7736	16,16
プチコン4 SMILE BASIC	プチコン4ロゴ	1474	96,32
		8190	96,32
		8191	192,64

監修　株式会社スマイルブーム

「プチコン 4」を開発したソフトウエア制作会社。国内のゲーム開発者およびゲーム開発者を目指す学生に向けた講演などの啓蒙活動を行う。ゲーム開発における多彩な経験と実績を活かしたプログラミング授業の実施や、カリキュラムの策定など、北海道科学大学や、ゲーム・CG 科の専門学校等をはじめとする各種教育機関との協働を通じた教育活動の支援も行っている。

注記　★ 本書に掲載されている情報は、2023 年 11 月現在のものです。
　　　★ 「Nintendo Switch」は、任天堂株式会社の登録商標です。
　　　★ 「プチコン」は、株式会社スマイルブームの登録商標です。
　　　★ 本書内では、商標登録マークなどの表記は省略しています。

チャレンジ！ プチコン 4 SmileBASIC

Nintendo Switch で学ぶ！
プログラミングワーク

2023 年 12 月 20 日　初版第 1 刷発行

監修	株式会社スマイルブーム
イラスト・キャラクターデザイン	アレッサンドロ・ビオレッティ
アートディレクション	北田進吾
デザイン	畠中脩大（キタダデザイン）
DTP	株式会社 Sun Fuerza
校正	株式会社鷗来堂

発行人	志村直人
発行所	株式会社くもん出版
	〒 141-8488
	東京都品川区東五反田 2-10-2
	東五反田スクエア 11F
電話	03-6836-0301（代表）
	03-6836-0317（編集）
	03-6836-0305（営業）
ホームページ	https://www.kumonshuppan.com/
印刷所	株式会社精興社

NDC007・くもん出版・272 p・26cm・2023 年
©2023 Kumon Publishing Co., Ltd.　Printed in Japan
ISBN 978-4-7743-3448-6

CD 59903